清华科史哲丛书

质的量化与运动的量化

14 世纪经院自然哲学的运动学初探

张卜天　著

商务印书馆
The Commercial Press

2019年·北京

图书在版编目（CIP）数据

质的量化与运动的量化：14世纪经院自然哲学的运动学初探/张卜天著.—北京：商务印书馆，2019
（清华科史哲丛书）
ISBN 978－7－100－17109－0

Ⅰ.①质…　Ⅱ.①张…　Ⅲ.①自然科学史－西方国家－中世纪　Ⅳ.①N095

中国版本图书馆 CIP 数据核字（2019）第 034748 号

总　　序

　　科学技术史(简称科技史)与科学技术哲学(简称科技哲学)是两个有着内在亲缘关系的领域,均以科学技术为研究对象,都在20世纪发展成为独立的学科。在以科学技术为对象的诸多人文研究和社会研究中,它们担负着学术核心的作用。"科史哲"是对它们的合称。科学哲学家拉卡托斯说得好:"没有科学史的科学哲学是空洞的,没有科学哲学的科学史是盲目的。"清华大学科学史系于2017年5月成立,将科技史与科技哲学均纳入自己的学术研究范围。科史哲联体发展,将成为清华科学史系的一大特色。

　　中国的"科学技术史"学科属于理学一级学科,与国际上通常将科技史列为历史学科的情况不太一样。由于特定的历史原因,中国科技史学科的主要研究力量集中在中国古代科技史,而研究队伍又主要集中在中国科学院下属的自然科学史研究所,因此,在20世纪80年代制定学科目录的过程中,很自然地将科技史列为理学学科。这种学科归属还反映了学科发展阶段的整体滞后。从国际科技史学科的发展历史看,科技史经历了一个由"分科史"向"综合史"、由理学性质向史学性质、由"科学家的科学史"向"科学史家的科学史"的转变。西方发达国家大约在20世纪五六十年代完成了这种转变,出现了第一代职业科学史家。而直到20世纪末,我国科技史界提出了学科再建制的口号,才把上述"转变"提上日程。在外部制度建设方面,再建制的任务主要是将学科阵地由中国科学院自然科学史研究所向其他机构特别是高等院校扩展,在越来越多的高校建立科学史系和科技史学科点。在内部制度建设方面,再建制的任务是由分科史走向综合史,由学科内史走向思想史与社会史,由中国古代科技史走向世界科技史特别是西方科技史。

科技哲学的学科建设面临的是另一些问题。作为哲学二级学科的"科技哲学"过去叫"自然辩证法",但从目前实际涵盖的研究领域来看,它既不能等同于"科学哲学"(Philosophy of Science),也无法等同于"科学哲学和技术哲学"(Philosophy of Science and of Technology)。事实上,它包罗了各种以"科学技术"为研究对象的学科,是一个学科群、问题域。科技哲学面临的主要问题是,如何在广阔无边的问题域中建立学科规范和学术水准。

本丛书将主要收录清华师生在西方科技史、中国科技史、科学哲学与技术哲学、科学技术与社会、科学传播学与科学博物馆学五大领域的研究性专著。我们希望本丛书的出版能够有助于推进中国科技史和科技哲学的学科建设,也希望学界同行和读者不吝赐教,帮助我们出好这套丛书。

吴国盛

2018 年 12 月于清华新斋

目　　录

导　　言

一　研究范围的界定

1. 中世纪的历史分期

"中世纪"(*medium tempus* 或 *media tempora*)的字面意思是"中间时期",一般指欧洲历史上从 5 世纪西罗马帝国陷落直至文艺复兴的这段时期。"中世纪"的观念首先由彼得拉克(Petrarch,1304—1374)等意大利人文主义者别有用心地提出,以突出他们自己的工作和理想。他们正在从事复兴古典学术与文化,认为一个长达千年的黑暗与愚昧时代将他们与古代的希腊罗马世界分隔开来。他们宣称人类文化已经在古代世界达到顶点,而后随着基督教的兴起和蛮族的侵略而衰亡,直到他们那个时代才开始复兴。[①]虽然各方对于中世纪的起始时间一般没有什么异议,但对于结束时间却有不同的看法。根据不同的标准,其间差距可能有几个世

---

① Strayer (1987), vol. 8, p. 308.

纪之久。①

从人文主义者开始,历史学家们对"中世纪"多持负面观点,认为它是人类历史上的一个"黑暗时代"。在 16、17 世纪的宗教改革中,新教徒也把天主教的腐败写进这段历史中。而现代关于"黑暗的中世纪"的许多负面观念则来自 18 世纪启蒙运动思想家的作品。19 世纪初,浪漫主义运动出于对自然的赞颂,一改这种负面评价,给出了一幅关于中世纪宁静和谐的美好画卷。直到 20 世纪中叶以后,认为整个中世纪都是黑暗时代的看法才渐渐消失。

但在很长一个时期,中国许多学者一提起中世纪,往往都会在前面加上"黑暗的"作为修饰语。在一些人的心目中,中世纪似乎就是宗教迫害、审判异端、科学受宗教压制的世纪。"对于这些人而言,中世纪是不变的、静止的和落后的事物的同义词,'中世纪的'被用来指代任何过时之物。"②但事实上,正如美国著名中世纪历史学家哈斯金斯(Charles Homer Haskins,1870—1937)所说,"历史的连续性否定在前后两个时期之间存在如此明显而强烈的反差;现代研究也表明,中世纪并没有我们以前认为的那么黑暗和停滞不前,文艺复兴也没有我们以前认为的那么光明和突然。中世纪展示了生命、色彩和变化,表现出对知识和美的相当热切的追

---

① 如果着眼于文化,那么中世纪的结束时间可能定在 14 世纪文学艺术的复兴;如果着眼于政治军事,那么就可能定在 1453 年君士坦丁堡的陷落。作为一个极端,法国著名历史学家勒高夫(Jacques Le Goff,1924—2014)甚至提出,古代晚期一直持续到 10 世纪,中世纪则分为三部分:①中世纪盛期:1000—1348 年的黑死病;②中世纪晚期,14 世纪—宗教改革;③漫长的"中世纪的渐衰期",一直到 19 世纪工业革命。参见 Vauchez et al. (2000),p. 950。

② 哈斯金斯(2008),第 1 页。

求,在艺术、文学和制度上取得了颇具创造性的成就[①]。"现在一般
认为,中世纪真正黑暗的时期是从罗马帝国陷落到公元 800 年(或
1000 年),有时称为"黑暗时代"(亦称古代晚期或中世纪早期)。
11 至 13 世纪的大翻译运动是中世纪"黎明的曙光"。到了 12 世
纪,大学开始产生,文化与经济的复兴发生了,许多历史学家都把
文艺复兴的根源追溯到这一时期,哈斯金斯的史学名著《12 世纪
文艺复兴》(*Renaissance of the Twelfth Century*)便是明证。[②] 13
世纪则是中世纪文明的顶峰时期。[③] 比如美国经典的教科书《西
方文明史》(*Western Civilizations*)就把中世纪的时间段定为 600
年到 1500 年,其中 600 年到 1050 年是黑暗时代,1050 年到 1300
年为盛期,1300 年到 1500 年为晚期。[④]

　　至于中世纪的哲学,也一直受到漠视。黑格尔在《哲学史讲演
录》中称,要"穿七里靴尽速跨过这个时期"。[⑤] 但现在情况已经大
为改观。根据《中国大百科全书》的说法,欧洲中世纪哲学的发展
过程大致可以分为三个时期:①早期中世纪哲学(约 440—1000),
奥古斯丁的思想占统治地位;②中期中世纪哲学(约 1000—
1300),是经院哲学的全盛时期;③晚期中世纪哲学(约 1300—

[①]　哈斯金斯(2008),第 1 页。
[②]　哈斯金斯(2008)。
[③]　《不列颠百科全书》(第 11 卷),中国大百科全书出版社 1999 年版,第 178 页。
[④]　罗伯特 • E. 勒纳等著:《西方文明史》,王觉非等译,中国青年出版社 2003
年版。
[⑤]　黑格尔:《哲学史讲演录》(第三卷),贺麟等译,商务印书馆 1983 年版,第 233 页。

1500)是经院哲学的衰落时期。[①]

无论是按照历史分期还是哲学分期,14 世纪都属于中世纪晚期。在此期间,中世纪盛期所取得的成就,受到了种种天灾人祸的威胁,其中尤以经济衰退和瘟疫流行为甚。因此,历史学家一直把 14 世纪看作中世纪的衰落期。然而在科学史上,14 世纪却是最受人重视的中世纪时段。这种认识是与法国物理学家和科学史家皮埃尔·迪昂(Pierre Duhem,1861—1916)的工作分不开的。

2. 中世纪晚期的科学史研究

在近代科学的发展中,扮演核心角色的是物理学特别是力学。"正是在近代科学中的力学领域,对近代科学发展至关重要的数学和实验技巧才第一次得到全面应用。"[②]那么,中世纪对近代科学和力学是否有贡献呢? 直到 19 世纪,在实证主义思想的影响下,学术界仍然认为中世纪没有什么科学成就可言,科学本质上是一种 16、17 世纪的发明,中世纪与早期近代科学之间存在着巨大的鸿沟,近代科学的出现没有经过中世纪的任何准备。比如,科学哲学的先驱人物威廉·休厄尔(William Whewell,1794—1866)就把中世纪称为"科学的停滞时期"(stationary period of science)。[③]中世纪往往被冠名"信仰的时代",17、18 世纪被称为"理性的时

---

① 《中国大百科全书》(简明版,第 11 卷),中国大百科全书出版社 1995 年版,第 6345 页。

② Clagett (1959),p. xix.

③ William Whewell,*History of the Inductive Sciences from the Earliest to the Present Times*,vol. 1,London 1837,pp. 235-236。转引自 Murdoch (1991),p. 254。

代",以此来预示从中世纪走到 17、18 世纪就是从盲目的信仰走向基于理性的科学。① 在我国,类似的说法更是屡见不鲜。通常的看法是,中世纪毫无保留地接受了亚里士多德的物理学,直到哥白尼、培根、伽利略等近代科学的开创者出现,才彻底推翻了亚里士多德的错误理论,从而开创了近代科学。在讲解科学发展史时,通行的物理教科书,甚至是相当数量的科学史著作都是这样叙述的。在讨论完古希腊的科学之后,中世纪的阶段要么完全不讲,要么一带而过,或者转而讨论中国的科学技术,至多加上文艺复兴时期的一些科技成果,就直接跳到了哥白尼和伽利略。

但事实上,中世纪从来就不乏科学精神和理性精神。特别是在 13、14 世纪,经院哲学家更是从逻辑上对亚里士多德的学说进行了各种可能的批判。所谓"哲学是神学的婢女",并不是说神学处处压制哲学或科学,而恰恰在某种意义上说明了,信仰离不开理性。不仅哲学大量运用逻辑和理性,神学也是如此。在中世纪的大学里,理性是解决大多数思想论证和争论的最终仲裁者,②在中世纪理解物理世界和精神世界的过程中扮演了无法替代的角色。正是中世纪为理性时代奠定了基础,它与 17 世纪的新科学和 18 世纪的启蒙运动密切相关。③

在 20 世纪以前,还没有出现过研究中世纪科学史的有分量的著作。直到 20 世纪初,迪昂才发表了三卷本的《莱奥纳多·达·芬奇研究》(*Études sur Léonard de Vinci*,1906—1913)和十卷本

---

① Grant (2001), p. 4.
② Grant (2001), p. 356.
③ Grant (2001), p. 16.

的《宇宙体系》(*Système du Monde*, 1914—1959),开中世纪科学史研究之先河。他在14世纪的经院哲学家那里发现了诸多与近代科学类似的成就,宣称在14世纪的巴黎大学和牛津大学有伽利略、笛卡尔等人的先驱。也正是由于迪昂的诸多发现,特别是他对巴黎学者的特别强调,才使得后世的科学史家对他的结论进行深入研究,并不断做出反驳和修正,14世纪也成为中世纪科学史研究最为集中和最深入的一段时期。在迪昂工作的激励下,许多科学史家投入了对14世纪力学史的研究之中。在荷兰科学史家爱德华·扬·戴克斯特豪斯(Edward Jan Dijksterhuis, 1892—1965)、德国女科学史家安内莉泽·迈尔(Anneliese Maier, 1905—1971)、美国科学史家马歇尔·克拉盖特(Marshall Clagett, 1916—2005)以及爱德华·格兰特(Edward Grant, 1926—)、约翰·默多克(John Murdoch, 1927—)、伊迪丝·西拉(Edith Dudley Sylla)、乔治·莫兰德(George Molland, 1941—2002)等学者的不懈努力下,中世纪科学史逐渐呈现出丰富多彩的面貌。今天我们知道,中世纪的经院学者不仅对亚里士多德的学说进行了各种批判,而且还以各种方式对近代物理学产生了深刻的影响。这些工作在中世纪属于自然哲学的范畴,本书探讨的运动学也要结合自然哲学来谈。

3. 运动学在中世纪自然哲学中的定位

在《形而上学》中,亚里士多德将科学分为理论科学或思辨科学(讨论知识)、实践科学(讨论行动)和创制科学(讨论制造有用的东西)。其中理论科学又分为三部分:①神学或形而上学,讨论能够独立存在的、不变的事物,即神和诸种精神实体;②数学,讨论从物体中抽象出来因而不能独立存在的但又是不变化的事物,如数和几何形体;③自然哲学或物理学,讨论能够独立存在的、可变的、拥有内在运动源泉的事物,既包括有生命的东西,也包括无生命的东西。其中③的内容大致对应于中世纪所说的自然哲学。① 从最宽泛的意义上讲,自然哲学就是关于物理世界中运动和变化的研究,它考察的是独立存在且能够运动和发生变化的物体。② 中世纪的自然哲学本质上就是亚里士多德的自然哲学,它所研究的对象包括一般意义上的变化和运动、天体的运动、元素的运动和转化、自然事物的生灭、位于地界上方的大气现象以及对动植物的研究等。③ 炼金术、魔法以及大部分占星术则不属于自然哲学的范畴。

按照传统的年代分期,13、14 世纪分别对应着中世纪的盛期和晚期,也正是在这段时期,自然哲学达到了鼎盛。自然哲学是中世纪大学的艺学院(faculty of arts)最重要的基础课程和研究领域之一。从 13 世纪开始,艺学院需要学习的课程有自然哲学、第一

---

① Grant (1996),p. 135. 亚里士多德的原话与格兰特的说法稍有不同,参见 Aristotle,*Metaphysics*,VI,$1026^a10\text{-}1026^a21$。本书虽然参考的是 Jonathan Barnes 所编的亚里士多德著作全集英译本 Aristotle (1984),但所引亚里士多德文本的注释均采用国际通行的 Becker 本编号,不再标出英文本原书页码。

② Grant (2001),p. 148.

③ Grant (1996),p. 136.

哲学(或形而上学)、道德哲学以及七门"自由技艺"(liberal arts)[①]或所谓的"七艺",即由语法、修辞和逻辑(亦称辩证法)组成的"三艺"(trivium),和由算术、几何、天文学和音乐组成的"四艺"(quadrivium)。大约经过八年时间的学习,经院学者从艺学院毕业之后,才可以继续神学、医学、法学等研究生阶段的学习。

在 13、14 世纪,研究自然哲学最常见的方法就是给亚里士多德论自然的著作做评注,或者就其中的某些问题进行专门讨论。这些著作主要是《物理学》(*Physica*)、《论天》(*De caelo*)、《论生灭》(*De generatione et corruptione*)、《气象学》(*Meteorologica*)、《论灵魂》(*De anima*)、生物学著作和一些被称为《自然短论》(*Parva Naturalia*)的现在看来是生理学方面的短篇著作,其中又以《物理学》最为重要。在 14 世纪,中世纪逻辑的新方法被大量用于自然哲学。自然哲学不仅被认为是基础教育的一部分,而且也被看成解决神学和医学问题的一种工具。在巴黎大学和牛津大学,一些重要的自然哲学著作都是与神学问题的研究相联系的。

---

① "liberal arts"(*artes liberales*)的中文译法十分混乱,它往往被译为"人文学科"或"博雅教育",这是不确切的,至少这种译法对中世纪而言是不妥的。所谓 *artes liberales*,与 *artes serviles* 相对,其字面意思是指"为自由民而非奴隶所享的教育"。这里的"自由"有其引申含义,即为了知识本身而学习知识,而不是像奴隶那样被迫做某种事情。这和以亚里士多德为代表的古希腊哲学家对知识的看法是一脉相承的。有鉴于此,笔者主张就按照字面意思将它译为"自由技艺"。在现代大学里,"liberal arts"沿循中世纪的用法,指以追求一般知识和智性训练为目的的课程,与功利的、实用的、职业的课程相对。(据《大英百科全书》的说法)它包括文学、语言、哲学、历史、数学和基础科学知识。有时"liberal arts"则被认为包括三个主要的知识分支,即人文学科(文学、语言、哲学、美术和历史),物理科学、生物科学和数学,社会科学,这时或可译为"通识教育"。

数学包括算术和几何,它与自然哲学的关系是一个重要而复杂的问题,中世纪学者对此的看法时有不同。由于数学对象是从物体中抽象出来的,所以数学研究的是物体的可以度量和量化的方面,而不是物体本身。古希腊时期,数学在自然哲学中的应用仅限于静态的结构,如静物的平衡,或者天的匀速圆周运动(可以说既静止又运动)。到了中世纪,这些涉及数学在自然现象中应用的科学被称为"中间科学"(*scientiae mediae*),因为它们被认为介于自然哲学与纯数学之间,如天文学(运用的是几何)、音乐(运用的是算术)、光学(运用的是几何)、静力学〔在中世纪被称为"重量科学"(*scientia de ponderibus*),运用的是几何〕等。虽然这些中间科学并非严格地属于自然哲学,但包括阿奎那(Thomas Aquinas,1225—1274)在内的许多哲学家都认为,中间科学更多地属于自然哲学而不是数学。然而,数学在中世纪自然哲学中的应用并不局限于中间科学,它还可以独立地应用于物体的各种运动。[①]

本书的内容主要涉及数学在运动中的应用,不少科学史家称之为"运动科学"(*scientia de motu*)[②],它差不多对应于现代力学的两个分支——运动学(kinematics)和动力学(dynamics)。[③] 就这两者的区别而言,大致可以说,动力学考察的是运动的原因,侧重物体运动与所受力的关系;运动学考察的则是运动的结果或运动本身,不讨论物体与所受力的关系,侧重对运动时空变化的数学

---

① Grant (2001), p. 153; Grant (1996), p. 136.
② Murdoch and Sylla (1978), pp. 206-264.
③ 另一个分支就是静力学(statics),它研究物体的平衡或静止问题,在中世纪属于"中间科学"。它属于一个相对独立的领域,不在本书讨论范围之内。

描述。①

　　但是,需要特别注意的是,中世纪并没有一个专门的学科被称为"力学",也没有"运动学"和"动力学"这样的称呼。只不过在亚里士多德物理学的一般框架下,14 世纪牛津大学和巴黎大学的一些自然哲学家所做出的一些成就,可以类比于今天所说的"运动学"和"动力学",它们构成了从亚里士多德物理学到 17 世纪力学的一种过渡。在相当长的一段时期,以冲力(*impetus*)物理学为代表的动力学内容一直占据着 14 世纪科学史研究的核心,因为近代科学似乎与它有着更为直接的联系;但是通过默多克、西拉、莫兰德等科学史家的研究工作,现在我们逐渐认识到,14 世纪的运动学更有助于我们全面地了解那个时代的精神特质,因为它包含的线索更多,涉及的背景更广。14 世纪的运动学不仅涉及瞬时速

————————————

　　①　比如根据新近出版的一套比较权威的西文《物理学词典》的解释,"力学是对运动、引起运动的力或彼此平衡的力的研究。经典力学原则上可以分为运动学、动力学和静力学三部分。运动学只讨论运动的过程,而不考虑运动的原因。它从几何学的角度来研究和描述一切可以设想的运动、经过的路径、速度、加速度等。动力学结合引起运动的力来讨论运动过程⋯⋯静力学则研究力的组合及其等效,其结果首先适用于平衡问题,但也可用于运动问题。"参见 *Dictionary of Physics*, 4 vols., London: Macmillan Publishers, 2004, p.1430(英文版译自德文版的 *Lexicon der Physik*)。

　　中文词典的定义也是类似。比如徐龙道编著的《物理学词典》(科学出版社 2004 年版)中的定义为:①力学:理想的研究对象是机械运动,即宏观物体之间或物体各部分之间相对位置随时间的变化,以及物体间相互作用与由此引起的物体运动状态变化所遵从的规律。从运动的形态来分,可以把力学分为静力学、运动学和动力学等几部分(第 4 页);②静力学:它研究力系的简化规律及物体处于平衡状态时所受外来应满足的条件(第 4 页);③运动学:它只讨论物体或物体各部分之间相对位置随时间变化的描述,而不涉及这些变化的原因,这实际上是一种以时间为背景的几何化的描述(第 5 页);④动力学:它研究物体运动状态变化与所受外界作用力直接的关系所遵从的规律(第 8 页)。

度、加速度等概念的出现,而且涉及逻辑、神学等更广的领域。本书将主要对 14 世纪经院自然哲学的运动学进行考察。

二　质的量化

　　众所周知,自然的数学化是近代科学最突出的特征。数学成为探究自然最正当的途径,甚至是唯一的途径。而运动学恰恰是最能够体现近代科学数学化的一个方面。长期以来,人们一直认为,匀速运动、匀加速运动、瞬时速度等概念是伽利略第一次提出的,匀加速运动学定律也是伽利略第一次发现的。[①] 即使伽利略存在着先驱,那也仅仅在古代。因为通常认为,经院自然哲学是一种质的物理学,经典物理学则是一种量的物理学。

---

　　① 这代表着一种颇为流行的看法,比如在新近出版的一套英文的《科学与宗教百科全书》中,我们就看到了这样一句话:"1604 年,伽利略第一次表达了自由落体定律,即速度随着时间的平方而增大。"参见 J. Wentzel Van Huyssteen ed., *Encyclopedia of Science and Religion*, 2 vols., New York : Macmillan Reference, 2003, p. 350。再比如《中国大百科全书》(力学卷)的"伽利略"条目中也说:"伽利略对运动基本概念,包括重心、速度、加速度等都作了详尽研究,并给出了严格的数学表达式。尤其是加速度概念的提出,在力学史上是一个里程碑。有了加速度的概念,力学中的动力学部分才能建立在科学基础上,而在伽利略之前,只有静力学部分有定量的描述。"参见《中国大百科全书》(力学卷),中国大百科全书出版社 1985 年版,第 236 页。伽利略的权威研究者德雷克(Stillman Drake)则要谨慎一些,他在《科学传记辞典》的"伽利略"条目中说:伽利略"第一次尝试系统性地将对物理学的数学处理由静力学拓展到运动学"。参见 Gillispie (1970—1980), vol. 5, p. 245。这里加上了"系统性"一词,使得这句话的强调口气有所缓和。然而,正如我们在后面将会看到的,14 世纪的经院自然哲学家不仅有定量的运动学,而且也有定量的动力学,后者以布雷德沃丁的定律(详见第七章)为代表。

　　然而事实上，也许从未有一个时代，能够像晚期经院哲学那样以同样极端的程度热衷于一种量的理想。如果说 13 世纪是一个综合的、思辨的世纪，那么可以说 14 世纪是一个分析的、批判的世纪。14 世纪的经院哲学家们不仅对亚里士多德的形而上学体系提出了种种批判，而且试图用量来把握速度①、热、颜色等自然哲学概念，甚至是许多原本不可量化的东西，比如美德、勇敢、罪等。在这种新的"计算"（*calculationes*）方法的背景下，他们建立起一套概念和度量规则，对物体的运动和变化进行讨论。所谓"量化"，是指用量来确定、表达或度量（measure）②某一事物。所谓质的量化，并不是在本体论上把质还原为量[比如像伽利略和笛卡尔那样，把颜色、气味、热等"第二性质"还原为长宽高这些广延（在他们那里被称为"第一性质"）和位置运动]③，而是用量来度量质的不同强度，质在这里并没有被量所取代。所谓运动的量化，则是用量来度量不同大小的速度。可以说，质的量化与运动的量化，构成了14 世纪经院自然哲学中运动学研究的主题。

---

　　①　本书所探讨的"速度"实为现代物理学所说的"速率"，均无方向含义，但在本书中不做区分。

　　②　注意，这里的"measure"不一定指实际的测量，所以这里不译为"测量"，而译为"度量"。本书中所谈到的"measure"均指与实际操作无关的度量。

　　③　伽利略在《试金者》（*Assayer*）中对第一性质和第二性质的区分以及那段关于自然之书用数学符号写成的名言早已广为人知。在笔者看来，这代表着伽利略真正的原创性。在伽利略看来，自然的内在机制只能通过数学来表达。像质、本质、目的等不能用数学抽象来把握的东西，或者是主观的，或者不存在。用科学史家伯特（Edwin Arthur Burtt）的话说就是："伽利略在世界上的两种东西之间进行了明确的区分：一种东西是绝对的、客观的、不变的和数学的；另一种东西是相对的、主观的、变动的和可感的。前者是神和人的知识的领域，后者是意见和错觉的领域。"参见伯特（2012），第64 页。

中世纪的自然哲学有着复杂的思想背景,其中最基本的是亚里士多德的运动学说。按照亚里士多德的理论,一切从潜在到现实的过程都是运动,最基本的运动有三种,分别对应于质(*qualitas*)、量(*quantum*)和位置(*locus*)三种范畴,即①质的运动或质变(*alteratio*),在质变过程中,质的强度(intensity)会增强(*intensio*)或减弱(*remissio*);②量的运动或量变,在量变过程中,物体的体积会增大(*augmentatio*)或减小(*diminutio*);③位置运动(*motus localis*),即我们现在一般理解的空间中的位移。在中世纪,最重要的运动类型是质变和位置运动。为方便分开叙述质变和位置运动,本书标题中所说的"运动"取现代含义,专指"位置运动",与"质的运动"或"质变"相并列。在 14 世纪,质的强度变化和位置运动均通过不同的方式经历了一个量化过程。从某种意义上讲,质的量化思想构成了运动的量化的逻辑起点。

在亚里士多德的范畴理论中,质与量是完全不同的两个范畴。量回答的是"多少"(multitude)和"大小"(magnitude)的问题,质则是某种东西的属性或限定,使得某一已经得到本质规定的实体成为某一种;量没有相反者,质则可以有相反者;量不允许有程度的不同,质则容许有程度或强度(intensity)的不同等等。最重要的是,任何量都可以通过较小的量的相加而得到,这些较小的量构成了较大量的一部分;而强度较弱的质却并不构成强度更强的质的一部分,某种强度的热无法分解为若干强度较弱的热,把再多的 10 度的水放在一起也构不成 20 度的水。然而,质可以增强(*intensio*)和减弱(*remissio*),或者说,质的强度可以发生改变,这种量的特征为质的量化埋下了伏笔。

在探讨质的强度变化问题时,经院哲学家一般使用"形式的增强和减弱"(*intensio et remissio formarum*)这一术语,他们的探讨主要有两个理论来源。第一,一个特定的神学问题,即由圣灵引起的圣爱(*caritas*)是否有可能发生变化。第二,亚里士多德的《范畴篇》以及后世哲学家对《范畴篇》的评注。讨论的基本问题主要有两个:

一是在质变过程中,发生变化的到底是什么?这属于本体论问题。回答主要有两种:①认为质本身不会发生强度变化,发生强度变化的原因在于物体以不同的程度分有了质;②认为质本质上包含一种可能的变化范围,发生强度变化的原因在于质本身,而不在于物体。

二是质的变化是如何发生的?这属于物理问题。回答主要有附加论(addition theory)和承继论(succession theory)两种。其关键分歧在于,每一个质或强度到底是不可分的,还是在自身中包含着部分。①附加论认为,质是可分的,存在着质的部分。质的强度被认为是一个连续统。在质的增强过程中,新的质的部分不断产生,加到先前的质上,与之融为一体,就像把一滴水加入水中使之变得更多一样。附加论源于13世纪经院哲学家约翰·邓斯·司各脱(John Duns Scotus,1265/1266—1308)的看法,他认为,虽然抽象的质不能变化,但存在于个体之中的具体的质却可以发生变化。14世纪的大多数经院哲学家都持这种附加论的看法。②承继论则认为,质是不可分的,不存在质的部分。在质变过程中,先前的质被相继摧毁,同时为一系列具有不同强度的新的质所取代,就像日日更替一样。质变被认为是通过形式的承继(succession of forms）而发生的。承继论的拥护者主要是沃尔特·伯利（Walter Burley，约1275—约1345）等少数学者。承继论对附加论的主要反驳是，只有像时间、空间这样的量才可以分成无数个部分，而质并无此特征；此外，一如在位置运动中，运动者在每一时刻都拥有一个全新的位置，在质变过程中，物体也应当在每一时刻都拥有一个全新的质。

到了14世纪初，牛津大学的唯名论者奥卡姆（William of Ockham，约1300—1349/50）将质变等同于发生质变的物体和被赋予的各种质。在这种思想的影响下，什么是质变的承受者的本体论问题不再像以前那样受到关注，学者们讨论最多的是质的强度变化的物理问题。虽然在这个问题上，14世纪的经院哲学家大都持附加论的看法，但在如何将附加论具体应用于对质的量化或度量方面，学者们的做法却各有不同。在这方面，我们仍然可以依照惯例，将14世纪的自然哲学家按地域和风格大致分为两大学派——牛津学派和巴黎学派。

牛津学派通常被称为"牛津计算者"（Oxford Calculators）或"默顿学派"（Mertonians）（本书将采用"牛津计算者"这一称谓，其理由参见第四章注释），其代表人物主要是托马斯·布雷德沃丁（Thomas Bradwardine，约1300—约1349）、威廉·海特斯伯里（William Heytesbury，1313—1372/3）和理查德·斯万斯海德（Richard Swineshead，活跃于约1340—1355）等人，其主要著作分别是《论运动速度的比》（*Tractatus de proportionibus velocitatum in motibus*，1328年）、《解决诡辩的规则》（*Regulae solvendi sophismata*，1335年）和《算书》（*Liber calculationum*，早于1350年）。

牛津计算者们将所谓的"形式幅度"（*latitudines formarum*）学说①应用于对质变的描述和度量。"形式幅度"学说其实是一套用来描述形式或质的增强减弱的概念或方法，主要涉及"幅度"（*latitudo*）和"度"（*gradus*，degree）②这两个概念。在不同人那里，"幅度"和"度"的含义亦有不同。"幅度"概念源自 2 世纪盖伦（Galen，129—约 210）的医学著作，指人的健康状况可能的变化范围，后经 11 世纪的阿维森纳（Avicenna，980—1037）和 12 世纪的阿威罗伊（Averroes，1126—1198）等人的医学著作的翻译而被介绍到西欧。牛津计算者们继承了 13、14 世纪医学、哲学、神学文献中对"幅度"概念的一般理解，把"幅度"理解为某种形式或质的"变化范围"，即质可以在一定的"度"的范围内变化。质或形式的变化范围就类似于空间中的距离。根据形式幅度学说，牛津计算者（持承继论的早期牛津计算者伯利除外）大都认为质的各个部分是同种的、均一的和连续的，质的"度"就像不同长度的线一样，不仅线性而有序地排列着，而且可以分割和相加。就物理基础而言，牛津计算者是通过与光的发射进行类比而思考质变的。然而，一旦度被想象成线，那么就可以不再考虑质变背后的物理问题，而只要考虑如何用数学来处理质的强度变化。于是，利用形式幅度学说，牛

---

① 这里称其为"学说"是一种泛称。各种文献中对它有各种各样的称呼，如"科学""数学""概念"等等。比如默多克就指出，"在中世纪晚期，和天文学、音乐、光学、重量科学一样，'形式幅度'科学也被认为是一种'中间科学'"。参见 Murdoch（1984a），p. 146。

② "度"的意思其实并不复杂，就是"程度"的意思。只不过"度"是形式幅度学说中与"幅度"搭配使用的一个专门概念，根据翻译的陌生化原则，这里译为"度"而非"程度"。

津计算者使用算术或代数的方法,对质在空间中的不同分布以及在时间中的不同变化进行了度量,并对它们进行了分类,比如"均匀的"(*uniformis*,指质的强度在空间或时间中恒定)、"均匀地非均匀的"(*uniformiter difformis*,指强度随着空间或时间线性地变化)以及"非均匀地非均匀的"(*difformiter difformis*,指强度随着空间或时间非线性地变化)等等。此前,对质的增强减弱的讨论都只停留在抽象的层面,其空间和时间要素一直没有被探讨过。但是到了牛津计算者这里,质的强度变化已经逐渐被理解为空间和时间的函数。

巴黎学派也称"布里丹学派",其代表人物主要是让·布里丹(Jean Buridan,约 1300—约 1358)、萨克森的阿尔伯特(Albert of Saxony,约 1316—1390)和尼古拉·奥雷姆(Nicole Oresme,约 1320—1382)等人。在质的量化方面,奥雷姆做出了最重要的贡献。他在这方面的主要著作是《论质和运动的构形》(*Tractatus de configurationibus qualitatum et motuum*,14 世纪 50 年代),这是14 世纪最充分地运用形式幅度学说的著作之一。就质的强度的线性有序排列及其可加性而言,奥雷姆与牛津计算者的看法并没有什么不同。他们的主要区别在于以下三个方面。

第一,奥雷姆在对质进行度量时使用的是几何的方法,而不是牛津计算者的算术或代数的方法。这使得质的强度的各种分布和变化能够以更为清晰和直观的方式显示出来。

第二,奥雷姆在表示质的强度的"幅度"基础上,又引入了表示质的广度(extension)的"长度"(*longitudo*)概念,两者共同构成了二维的"质的量",这是对牛津计算者幅度概念的进一步发展。"质的量"等于质的幅度乘以质的长度,由图形的面积表示。在奥雷姆之前,几乎没有中世纪学者使用过类似于"质的量"的概念。牛津计算者考虑的只是质的强度,强度与广度的乘积对他们来说毫无意义。

奥雷姆将幅度与长度垂直摆放,在代表质的广度(extension)的底线上的每一点都垂直竖起一定高度的垂线,这个线段表示质在每一点的强度,这样便绘出一个图形,他把这样得出的包含所有线段在内的整个形体称为构形(*configuratio*)。奥雷姆希望通过这种构形来反映物体的内在结构,通过构形的不同来解释各种物理现象甚至是心理现象,如人的感情、神秘的力量、美学问题等。由于这种图示法与笛卡尔发明的解析几何有些相似,所以奥雷姆曾被有些科学史家看成解析几何的先驱甚至创始人。

第三,在牛津计算者那里,无论他们如何使用幅度概念,幅度仍然是一个抽象的范围,质或形式的幅度并不必然在某一时刻实际存在于任何物体之中;而奥雷姆则只讨论质在某个实际物体中的强度变化,幅度作为"抽象范围"的基本含义几乎完全消失。

三 运动的量化

在对质进行量化以及对质变进行度量之后,14 世纪的经院哲学家又将这些方法运用于运动的量化。不过这里的"之后"并不是时间意义上的,而是逻辑意义上的,因为牛津学派和巴黎学派都是通过质和质变来理解速度和速度变化的。他们之所以能够这样做,是因为运动与质可以相等同或者进行类比,这种想法可以追溯到中世纪关于运动(这里指广义的运动)本性的争论。我们知道，亚里士多德认为运动可以从属于三个范畴，然而运动本身到底是什么，它的本体论地位如何，它与亚里士多德体系中的诸范畴有何关系，却是一个复杂的问题。对此，亚里士多德并未给出明确的回答。经过 12 世纪的阿威罗伊和 13 世纪的大阿尔伯特(Albertus Magnus，1200—1280)等中世纪哲学家的讨论，运动本身是什么的问题最终被表述成"流动的形式"(*forma fluens*，flowing form)与"形式的流动"(*fluxus formae*，flow of a form)之间的区别问题。前者将运动等同于运动者以及它在运动过程中所获得的诸形式(质、量、位置)，认为运动只不过这是一种流动中的形式；后者则认为运动本身并不能归结为运动者以及它在运动过程中所获得的诸形式，运动本身是趋向于某个范畴目标的"流"。

　　正如在质的量化问题上有所分歧一样，牛津与巴黎对于运动问题的看法也有分歧。牛津哲学家奥卡姆持"流动的形式"看法。依据其极端的唯名论，奥卡姆认为运动只不过是一个词项或概念，可以完全归结为运动者及其相继获得的形式；同时代的巴黎经院哲学家布里丹则单就位置运动提出了异议，主张位置运动是一种广义的"形式的流动"。他通过神学论证表明，位置运动是内在于运动者的一种可以增强和减弱的质。这种分歧，使得牛津学派与巴黎学派在(位置)运动的量化方面走上了不完全相同的发展道路。

　　第一，牛津计算者深受奥卡姆影响，认为运动只是一个词项，没有实际的所指，运动并不等同于内在于物体中的质，而是运动者及其相继占据的位置。不过,他们总是将质变与位置运动相类比,认为质变就是通过一段"质的距离",就像位置运动是通过一段空间中的距离一样。质变过程中某一瞬间的质的强度就类似于位置运动中某一瞬间的速度。

在古代,速度并不是一个独立的量,亚里士多德的运动学说并不能精确地指定每一瞬间的速度如何随时间变化。而到了牛津计算者这里,尽管还没有被定义为距离与时间之比,但速度已经渐渐成为一个区别于运动的独立的量。牛津计算者区分了两种不同的速度概念:①"瞬时速度"或强度意义上的速度,对应于速度的"质",指速度在某一瞬间的强度。②"总速度"或广度意义上的速度,对应于速度的"量",指在一定时间内通过的距离。

布雷德沃丁的《论运动速度的比》是最能体现"计算"方法的重要著作之一。布雷德沃丁运用比例论的数学方法,试图找到一个能够表示推动力、阻力和速度之间关系的精确的数学定律。这个定律用现代术语来说就是,随着推动力与阻力之比几何的增加,速度算术的增加。这部著作大大激励了其他牛津计算者用数学来研究运动。

牛津计算者们认识到,要想对速度进行定量的运动学分析,或者说研究速度的空间分布或者随时间的变化,首先应当提出一些精确的定义。由于牛津计算者们使用的是形式幅度的语言,这些定义表述起来十分繁冗。我们姑且将它们"翻译"成现代科学的术语(原始定义参见第八章):

(1)匀速运动:物体在任何相等的时间间隔内通过相等的距

离。这与伽利略在《两门新科学》中对均匀运动的定义一致。[①]

（2）匀加速运动：在任何相等的时间间隔内增加相等的速度的运动。这与伽利略在《两门新科学》中对匀加速运动的定义没有本质区别。[②]

（3）瞬时速度：在一定时间间隔内，物体以与该瞬间相同的速度匀速运动一定的距离（通过这一距离来度量速度）。

在用数学和逻辑来描述运动的过程中，牛津计算者们提出了著名的"默顿规则"（Merton Rule）或中速度定理（Mean Speed Theorem），用现代的语言来说就是：

（4）一个物体匀加速运动所走过的距离，等于这个物体在同样时间内以初速度和末速度的中间值匀速运动所走过的距离。而这实际上正是伽利略在《两门新科学》中讨论自由加速运动时所给出的定理 1 命题 1。[③]

由默顿规则可以得到许多有用的推论。如果初速度为零，那么默顿规则用现代方程表示就是 $s = \dfrac{1}{2}vt$，其中 s 是距离，v 是末速度，t 是时间。而根据匀加速运动的定义，$v = at$，其中 a 是加速度。因此我们就得到匀加速运动的运动学定律：$s = \dfrac{1}{2}at^2$。据此，牛津计算者得到了一个结论：初速度为零的匀加速运动在前一半时间内走过的距离等于在后一半时间内走过距离的 1/3。由此便可以

① Galileo (1946)，p. 154.
② Galileo (1946)，p. 169.
③ Galileo (1946)，p. 173.

自然地推广到伽利略的一条核心的运动学定律,即初速为零的匀加速运动所走过的距离正比于所用时间的平方,这就是《两门新科学》中讨论自然加速运动部分的定理 2 命题 2。[①]

第二,在时间上稍晚的巴黎学者认为,运动是一种内在于物体之中的质,有实际的所指。既然如此,就可以把速度看成运动的强度,把速度的增大或减小看成运动的增强和减弱。奥雷姆在《论质和运动的构形》中发明的图示法就是在这种概念基础上产生的。质和速度在他那里是一并探讨的。同样的图形既可以表示质在空间中的分布,又可以表示运动随时间的变化。原先被奥雷姆用来表示质的强度的"幅度"(latitude),现在表示运动的速度;原先被用来表示质的广度的"长度"(longitude),现在则表示运动的时间;而幅度与长度的乘积,即所谓的"质的量",现在则有了明确的本体论含义,即物体在一段时间内所走过的距离。

利用这种图示法,奥雷姆直观而清晰地证明了默顿规则,这是他在运动学上最著名的成就。在表示运动时,图形的底线代表运动时间,沿底线各点竖起的垂线则代表瞬间速度,所包围的面积就等于所走过的距离。而匀加速运动所对应的图形是一个直角三角形或直角梯形,面积很容易求出,于是默顿规则得证。事实上,伽利略在《两门新科学》中讨论自由加速运动时对定理 1 命题 1 的证明正是这种二维的几何证明,甚至使用的图形都几乎一样,只不过翻转了 90 度。[②] 因此,迪昂等学者认为,曾被许多人认为是伽利

---

① Galileo (1946), p. 174.
② Galileo (1946), p. 173.

略在《关于两门新科学的对话》中做出的某些独创性的贡献,其实早在 14 世纪就已经被人提出了。[①]

总而言之,大约从 1328 年到 1350 年,牛津与巴黎的经院自然哲学家们在运动学方面做出了巨大的成就。他们第一次明确区分了运动学和动力学,清晰地定义了匀速运动、匀加速运动和瞬时速度,提出了将匀加速运动与匀速运动联系起来的默顿规则。"这是历史上自然哲学家第一次如此严肃地思考运动学问题,即用时间和空间的量度来研究运动。"[②]它们实际上标志着对自然进行一种精密的数学思考的开端。虽然这些成就到底在多大程度上影响过伽利略,科学史界至今仍然争论不休,但可以肯定的是,他们的确做出了这些成就,其中有些内容与伽利略本人的说法十分相似(比如瞬时速度的定义和匀加速运动定律),而且伽利略确实读到过他们当中某些人的著作。从 14 到 16 世纪,牛津计算者的著作和思想在欧洲广为传播和讨论。伽利略曾经任教的帕多瓦大学就是牛津计算者的思想在欧洲大陆复兴的一个重要中心。尽管 14 世纪学者的工作与伽利略之间的关系,不是本书主要关注的议题[③],但我们还是可以肯定地说,在运动的量化方面,他们的确做出了先驱性的工作。

---

① 比如参见 Duhem (1913—1959), vol. 3, pp. 577-583 等。
② Clagett (1950), p. 132.
③ 关于这方面的内容,科学史家们已经做了许多工作,例如 Wallace (1981), (1986); Sylla (1986)等。

四　辉格编史学的限度

　　在科学史,尤其是物理学史和数学史中,辉格编史学①的色彩尤其突出,这种编史纲领直到今天都占据主导地位。这从一个侧面证明了科学朝着从低级到高级、从落后到进步的方向演进的图像在我们心中是多么根深蒂固。我们今天对这些运动学成就的评价也不可避免地带有辉格色彩,因为要想完全脱离近代物理学的发展来评价牛津计算者和奥雷姆的工作是不可能的。毕竟,当代科学史家一开始正是着眼于他们作为近代科学的先驱意义来研究他们的。他们在位置运动的范畴内讨论了匀速运动、匀加速运动、瞬时速度,给出了将匀加速运动对应于匀速运动的规则,这些结论与近代物理学中的内容相当接近,更不要说伽利略在《两门新科

---

　　①　"辉格史"是英国历史学家赫伯特·巴特菲尔德(Herbert Butterfield,1900—1979)创造的一个编史学概念。辉格党是英国历史上的一个党派。19 世纪,辉格党的历史学家站在该党的立场上,把英国政治史描写成朝着该党所主张的目标不断进步的历史,形成了特定的辉格史(Whig History)。巴特菲尔德在 1931 年出版的《历史的辉格解释》(*The Whig Interpretation of History*)一书中,把辉格史由一种特定的英国史编史学派,扩展成一般意义上的编史学概念。所谓辉格史,即是从当下的眼光和立场出发,把历史描写成朝着当前目标的进步史,把历史上的人物分成推进进步的和阻碍进步的两类,通过主要选择进步的人物和事件来编成的历史,这便当然会达成对今天目标和立场的认可和赞同。巴特菲尔德认为,辉格史因为过分注重现在,反而忽视了真正意义上的历史。因为今天的理想和目标不一定是过去的理想和目标,历史人物和事件只有放在当时的环境和条件中,着眼于当时的理想和目标,才可能得到真正的理解。因此,历史学家不应该强调过去与现在的相似之处,而应该着重发现不同之处,发现的不同之处越多,对历史的理解就越深入。参见吴国盛:"什么是科学史"(2003 年 9 月在北京大学的讲演),载《反思科学》,新世纪出版社 2004 年版,第 118—119 页。

学》中还使用了几乎和奥雷姆一样的图形和几何证明。如果探讨中世纪的科学史,这些工作当然是不能不考虑的。

著名中世纪科学史家马歇尔·克拉盖特在其名著《中世纪的力学科学》(*The Science of Mechanics in the Middle Ages*)中就是以静力学、运动学和动力学这三部分组织材料的。这种带有辉格色彩的结构安排代表了当代中世纪科学史家讨论 14 世纪力学成果的典型方式。然而,这样做虽然结构上比较清晰,却并非没有问题,因为它会使我们过分参照近代科学去看待中世纪的思想,在很多时候说不清事情的原委,从而模糊中世纪自然哲学的真实面貌,掩盖中世纪经院哲学家的真实意图和出发点。其具体表现将在本书中逐步得到揭示。

本书在前人研究的基础上,比较系统地探讨了 14 世纪经院自然哲学的运动学各个方面的同时,始终力图避免前人研究中过分辉格化的做法。经院哲学家们做出的类似于伽利略的成就,与伽利略的工作有哪些本质不同? 他们是在什么样的背景下,通过什么样的线索对运动进行量化的? 我们现在应当如何来恰当地看待这些运动学成就? 这些正是本书要着力追问的,这样的追问也体现了本书反辉格的编史倾向。

五 史料准备

1. 原始文献

由于 14 世纪自然哲学的原始文献均为拉丁文手稿,大都被保存在世界各地的博物馆和图书馆中,难得一见,因此本书所依据的原始文献只能基于西方学者的编辑整理,而不是直接基于手稿。虽然有许多手稿并没有被编辑整理出来,从而给原始文献的使用造成了很大麻烦,但是好在与本书关系最密切的文献已经有相当一部分被完整或部分地编译出来,它们基本上都收在克拉盖特主编的"威斯康星大学中世纪科学丛书"(University of Wisconsin Publications in Medieval Science)中,这使得本书的写作有了基本保障。其中最重要的有:

(1) H. Larmar Crosby, *Thomas of Bradwardine*: *His Tractatus de Proportionibus*(《托马斯·布雷德沃丁:他的〈论〈运动速度的〉比〉》),1955。[1] 克罗斯比(H. Larmar Crosby)给出了布雷德沃丁最重要的著作《论运动速度的比》的拉丁文原文和英译,并对它的重要性、基本内容和意义作了介绍。

(2) Curtis Wilson, *William Heytesbury*: *Medieval Logic and the Rise of Mathematical Physics*(《威廉·海特斯伯里:中世纪逻辑与数学物理学的兴起》),1956。[2] 威尔逊(Curtis Wilson)对海特斯伯里最重要的著作《解决诡辩的规则》的后三章(一般认为与数学和运动学关系最密切)作了详尽而清晰的研究,其中引用了相关的大量原文,只可惜没有给出整部著作的拉丁文和英译。

(3) Marshall Clagett, *The Science of Mechanics in the*

---

① Crosby (1955).

② Wilson (1956).

Middle Ages（《中世纪的力学科学》），1959。[1] 在这部著作，克拉盖特以"静力学""运动学"和"动力学"三个方面对中世纪的重要力学成果进行了组织和编排，许多原始文献片段和英译都是目前仅见的公开出版的中世纪力学文献，是一部内容广泛、条理分明的重要著作。克拉盖特"试图对 13 到 15 世纪之间对亚里士多德的力学的某些重要批判和改造进行客观的分析……同时简要地考察中世纪力学的古代先驱和对近代早期的影响。"[2] 不足之处在于，克拉盖特对材料的选取和内容的编排基本上是以近代科学的眼光进行的，对文献的哲学、逻辑、神学等背景介绍得不多。当然，克拉盖特本人是熟悉这些背景的。

（4）Marshall Clagett，*Nicole Oresme and the Medieval Geometry of Qualities and Motions；a Treatise on the Uniformity and Difformity of Intensities Known as Tractatus de Configurationibus Qualitatum et Motuum*（《尼古拉·奥雷姆与中世纪关于质和运动的几何学：一部被称为〈论质和运动的构形〉的关于强度的均匀性和非均匀性的著作》），1968。[3] 克拉盖特不仅给出了奥雷姆最有影响力的著作《论质和运动的构形》的拉丁文原文和英译，而且对其背景、版本、结构、内容和影响作了极为详尽的评注。不过在笔者看来，有些内容似乎还是有所欠缺，比如奥雷姆与牛津计算者学说之间的关系和区别交待得就不够。

另一部重要的原始资料集是格兰特编译的《中世纪科学原始

---

[1] Clagett (1959).

[2] Clagett (1959)，p. xix.

[3] Clagett (1968a).

资料集》(*A Source Book in Medieval Science*)。其中收录了有关 14 世纪运动学的重要章节,不过这些内容基本都出自上面四本书中。

可惜的是,斯万斯海德的《算书》时至今日仍然没有被整理出版,原因之一就在于内容过于繁杂。克拉盖特曾经计划完成这一工作,可惜只进行了一小部分就中断了。这也是本书没有能够对《算书》进行深入探讨的主要原因。好在本书的目的主要不是为了求全,对于本书所要揭示的主题,凭借已有的研究文献对《算书》的介绍也已经能够说明问题了。①

2. 研究文献

关于 14 世纪运动学的探讨在中世纪科学史研究中虽然算不上热点,但研究文献的数量也已极多,这里只能择要提及本书所使用的研究文献。

本来,关于 14 世纪运动学的研究都是从迪昂开始的,特别是他的《莱奥纳多·达·芬奇研究》的第三卷和《宇宙体系》的第六、七、八卷,所以理应对它们有所引用和借鉴。但笔者仅略懂法语,还无法大段阅读这些文献。好在至少就运动学而言,迪昂的这些资料不参考也不会带来太大损失,其理由是:首先,迪昂不仅没有给出相关材料的拉丁文原文,而且经常断章取义,只引用对自己有利的只言片语。其次,由于时代久远,再加上他本人狂热的民族主

---

① 关于斯万斯海德,目前的主要研究文献是 Clagett (1950) 和 Murdoch and Sylla, "Swineshead", in Gillispie (1970—1980), vol. 13, pp. 184-213。

义倾向,他给出的许多史实和线索都是错误的。比如他在探讨运动学成就时,主要偏向法国的奥雷姆,而不是牛津计算者。而且在他那个时代,人们对牛津计算者本来就知之甚少。再者,迪昂从来不重视这些成果背后的哲学和神学背景,对逻辑背景就更是漠视,这使得引用他的材料有时会非常危险。最后,迪昂的主要成果基本上已被后人特别是迈尔和克拉盖特批判地吸收。至少在运动学方面,他们的研究成果可以说基本涵盖和取代了迪昂的研究。

在所有关于 14 世纪运动学和自然哲学的研究文献中,最重要的著作是德国女科学史家迈尔于 20 世纪中叶陆续完成的五卷本的"晚期经院自然哲学研究",这五卷著作现已成为中世纪科学史研究中最重要的必不可少的资料。它们分别是:

(1)1949 年出版的《伽利略在 14 世纪的先驱者》(*Die Vorläufer Galileis im 14. Jahrhundert*)。从这卷著作的题目就可以看出她对迪昂的工作是多么重视,其中选定的论题很大程度上都是以迪昂的工作为参照的。在许多方面,这一卷都为迈尔后来的研究工作确立了研究理路和基调,也概括了迈尔的一般结论。其中,关于运动本性、布雷德沃丁的函数以及总速度和瞬时速度的三篇文章与本书关系最密切。

(2)1951 年出版的《经院自然哲学的两个基本问题》(*Zwei Grundprobleme der scholastischen Naturphilosophie*),详细讨论了强度量问题和冲力理论,这两项研究后来成为相关主题的经典文献,其中强度量问题是与本书探讨的质的量化关系最为密切的部分。

(3)1952 年出版的《在经院哲学与自然科学的边界》(*An der*

Grenze von Scholastik und Naturwissenschaft），考察了关于物质结构、重力和形式幅度的经院哲学理论，其中关于"计算"和形式幅度学说的探讨对本书十分重要。

（4）1955年出版的《晚期经院自然哲学的形而上学背景》（*Metaphysische Hintergründe der spätscholastischen Naturphilosophie*），迈尔在这本著作中并没有讨论特定的物理理论，而是分析了14世纪自然哲学研究的形而上学假设，并将它区别于13世纪的经院哲学和近代科学。其中有不少内容涉及质的量化和形式幅度学说。

（5）1958年出版的《在哲学与力学之间》（*Zwischen Philosophie und Mechanik*），内容集中在中世纪晚期的运动科学，包括运动的本性、冲力、天的运动、虚空中的自由落体、惯性运动等主题，评价了经院力学在物理学史上的地位。其中关于运动本性以及运动是一种强度量的探讨对本书十分重要。

除迈尔的著作外，本书借鉴最多的是西拉和默多克的研究。他们的工作主要集中在14世纪的运动科学，而且在许多方面都超出了迈尔的研究视野。特别是西拉，她是研究牛津计算者的公认权威，其相当数量的论文都是与本书最相关、最重要的研究文献。默多克则以更宽广的视野提出了包括科学、哲学、神学在内的中世纪知识的统一性，对笔者十分有启发。西拉和默多克相当强调14世纪运动学各方面的背景，特别是逻辑背景。他们的成果是本书思路的主要来源。

此外，这些研究文献中还包含有相当多的原始文献，在一定程度上缓解了一手文献不足的问题。

3. 国内的研究现状

国内对中世纪的学术研究一直十分薄弱。自从赵敦华先生的《基督教哲学 1500 年》[①]于 1994 年出版后，中世纪哲学的研究总算有渐渐兴起之势。近年来不断有关于中世纪哲学的专著或译著出版。但中世纪科学史的研究却一直基本处于空白。"科技史界的主要力量都在中国古代，西方科技史方向长时期没有自己的专业队伍。80 年代开始研究西方近现代，但主要力量也投在了 20 世纪，近代早期几乎没有专业人员。"[②]相比而言，中世纪科学史的研究状况更加严峻。一个表现就是，直到现在，除了笔者译介的一篇文章[③]之外，国内对迈尔这位权威的中世纪科学史家还没有任何介绍和研究，更没用任何引用，她的名字几乎仍然不为国内学界所知。[④]

到目前为止，国内关于中世纪科学史的专著尚付阙如，只有零星的几篇论文与中世纪的科学有关，但基本都没有引用原始文献，对研究文献的考察也不够深入。比如迈尔、默多克、西拉等人的著作几乎从未被引用过。即使是这少数几篇论文，内容也主要集中

---

① 赵敦华(1994)。

② 吴国盛："走向西方近代早期科学史研究"，《中国科技史杂志》2007 年第 4 期，第 414 页。

③ 萨金特(2007)。

④ 就笔者所知，国内专著中明确提到迈尔的只有赵敦华先生的《基督教哲学1500 年》，他提到："安尼列斯·麦尔(Anneliese Maier)在《经院学说与新科学联系》一书中说明 14 世纪以后经院哲学的经验科学思想是以伽利略为代表的新科学的直接基础。"参见赵敦华(1994)，第 638 页。但据笔者所知，迈尔似乎没有写过这个名称的书或文章。由于赵先生没有给出标题的原文，故查无可考。

在与近代科学似乎更有连续性的冲力物理学,或是天文学、数学等精密科学,对于14世纪的运动学则几乎没有关注过,布雷德沃丁、海特斯伯里、斯万斯海德等牛津计算者的名字似乎并不为国内科学史界所知,而这些工作背后的哲学、神学、逻辑背景就更是闻所未闻了。现在国内能够见到的关于中世纪科学史的优秀著作仅见于少量翻译过来的普及性作品[①],而专业著作甚至连翻译过来的都没有。这种状况的确亟待改善。

本书的目标是,基于原始文献和此前科学史家的研究成就,以问题为线索,以语境主义的眼光,比较完整而系统地讨论14世纪经院自然哲学家的运动学成果及其背景。尽管这些运动学成就正在越来越受到关注,但似乎还没有人试图在同一篇文章中澄清整个问题所涉及的方方面面,尽可能地展示问题的复杂性和丰富性。这件事情充满了挑战和困难,本书只是一个初步尝试。

六　章节安排

根据所讨论的主题,本书大体按照质的量化和运动的量化两部分进行编排。其中第一章和第二章为总论,第三章到第五章讨论质的量化,第六章到第八章讨论运动的量化。各章内容安排如下:

第一章交代20世纪学者对14世纪科学史的研究状况,讨论了迪昂的工作以及迈尔、克拉盖特、默多克、西拉等科学史家对迪

---

① 如格兰特(2010)、林德伯格(2013)等。

昂工作的反驳和修正。其中不仅讨论了 14 世纪科学史的研究状况以及本书所要引用的主要科学史家及其著作,而且预备了本书着墨最多的牛津计算者的一些思想背景。

第二章讨论亚里士多德的范畴学说和对运动的分类,中世纪关于运动本性的争论,奥卡姆所主张的运动可以归结为运动者和所处范畴的极端唯名论看法,以及布里丹等人就位置运动这一特殊情形对奥卡姆的反驳,从而揭示出运动如何被巴黎学者看成内在于运动者的一种质。

第三章讨论质的量化的背景和来源,即质的强度变化问题。交代了问题的由来和神学背景,并从本体论问题和物理问题两方面讨论了经院哲学家们对这一问题的不同解决方案。

第四章讨论牛津计算者及其使用的主要概念工具——"形式幅度"学说。特别论述了"幅度"概念的演变历史,"幅度"与"度"的关系,通过光的发射来理解质变的物理机制,以及牛津计算者对质的时空分布的分类和对质变速度的度量。

第五章讨论巴黎学者奥雷姆对质的强度的几何表示,奥雷姆与牛津计算者的区别,以及构形学说的形而上学意义。

第六章讨论早期运动学的发展,奥卡姆对本体论问题的消解和对学科界限的打破,关于质变与运动的类比的不同理解,以及牛津计算者的一些运动学概念,包括速度成为独立的量,总速度与瞬时速度,动力学与运动学的区分,以及对诸多运动学术语的定义。

第七章讨论布雷德沃丁的动力学定律,后人对布雷德沃丁定律的应用和拓展,以及他的一些不太受人关注的运动学成就。

第八章以海特斯伯里的《解决诡辩的规则》为主线,讨论了牛津计算者最有代表性的一些运动学成就,特别是匀速运动、匀加速运动、瞬时速度的定义和默顿规则,最后讨论了奥雷姆对默顿规则的几何证明以及对其图示法的不同评价。

第九章对14世纪的运动学进行了再回顾,讨论了应当如何恰当地理解这些成果,包括14世纪运动学与亚里士多德学说的深层联系,它的逻辑背景,质的量化为何很难付诸实际应用,14世纪自然哲学家的工作所共同具有的"根据想象"推理的特征,14世纪知识的统一性等,最后对研究中世纪科学史的意义略作申辩。

附录中包含有对诡辩、指代理论、命名等中世纪逻辑术语的解释。

第一章　14 世纪科学史的研究概述

著名中世纪科学史家马歇尔·克拉盖特曾经说过：

> 没有哪个历史研究领域能够像科学史那样，如此强烈地驱策它的研究者去寻找历史中的先驱者和理论雏形。我们在科学史家和自然哲学史家的著作里随处可以看到（无论其动机是什么）像"古代的哥白尼""达·芬奇的先驱""中世纪的休谟"等说法，这的确令人惊讶。这些惊人之语一直迫使其他科学史家悉心反驳或修正这些往往富有修辞意味的说法，或者至少是对其作出恰当判断。[①]

从某种意义上说，这段话所描述的正是中世纪科学史，特别是14 世纪科学史研究所走过的历程。整个中世纪科学史研究领域之所以能够在 20 世纪逐渐兴盛，很大程度上要归功于法国科学史家皮埃尔·迪昂的先驱性工作（图 1-1）。为了方便后续的讨论，并为之提供相应的背景，本章有必要预先对中世纪科学史特别是14 世纪科学史的研究状况作一介绍。中世纪科学史的研究已经

---

① Clagett（1968a），p. 3.

有一百多年的历史,在这么短的篇幅里当然不可能讲得面面俱到。我们仅以运动学的内容为主,在叙述的过程中结合本书的主题和思路来谈。

图 1-1   皮埃尔·迪昂(Pierre Duhem,1861—1916)

一   迪昂的开创性工作

在研究达·芬奇的思想先驱时,迪昂在达·芬奇的笔记中发现了巴黎经院学者布里丹和奥雷姆以及其他一些 14 世纪哲学家的工作。迪昂几乎是单枪匹马发现了这种中世纪的活动,发现了此前完全不被人注意的科学学派。他之所以能够注意到相关的议题,是因为这些中世纪学者的著作手稿很幸运地保存在法国国家图书馆中。在迪昂的研究成果发表以前,布里丹、萨克森的阿尔伯特和奥雷姆等巴黎学者几乎不为人知。这些发现和结论主要包含在三卷本的《莱奥纳多·达·芬奇研究》(*Études sur Léonard de Vinci*)[①]中。接

---

① Duhem (1906—1913),3 vols.

着,在近半个世纪的时间里,迪昂关于哥白尼之前宇宙论历史的十卷本巨著——《宇宙体系》(*Système du Monde*)[①]陆续出版,他先前的许多结论都在这部里程碑式的著作中得到进一步修正和阐发。

迪昂在这些著作中主张,从大约 1200 年到文艺复兴期间,拉丁西方一直维系着一种物理学、宇宙论和自然哲学传统,它不仅富有创造力,而且从未间断。这种中世纪传统所取得的成就为达·芬奇和伽利略等人所熟知,对他们的物理学革新起了至关重要的作用。迪昂的发现即使不是完全开创了对中世纪物理学的研究,也是使之发生了革命。尽管后来的研究在很大程度上修正了迪昂的一些结论,但迪昂的研究仍然是研究中世纪自然哲学无可置疑的出发点。[②]

关于 14 世纪的科学成就和对近代科学的影响,迪昂的结论大致可以分为四个方面:[③]

第一,17 世纪科学在 14 世纪实质上已经存在。

迪昂在早年研究静力学的起源时就确信,近代科学不间断地发源于中世纪各学派的学说。他在《静力学的起源》(*Les origins de la statique*)一书中指出:"当代有足够理由引以自豪的机械论和物理学,是由一系列难以察觉但却从未间断的进步积累而成,这些成就发源于中世纪诸学派的核心学说。"[④]后来,在《莱奥纳多·

① Duhem (1913—1959), 10 vols.
② Gillispie (1970—1980), vol. 3, pp. 227-228.
③ Murdoch (1991), pp. 256-272. 本章对迪昂观点的概括主要参考了这篇文献。
④ Duhem (1905—1906), vol. 1, p. iv. 转引自 Lindberg (1992), p. 357.

达·芬奇研究》中,迪昂讨论了中世纪对亚里士多德力学关于自由落体和抛射运动的观点的修正,第一次讨论了 14 世纪巴黎和牛津对匀速运动和加速运动的运动学描述,使得布里丹、奥雷姆等巴黎学者成为中世纪晚期物理学发展的关键人物。也正是迪昂第一次提出了中世纪的所谓冲力(*impetus*)[①]理论,认为这种理论影响了中世纪晚期和近代早期的物理思想。[②] 他宣称,近代科学的重要组成部分,特别是伽利略在运动学和动力学方面的一些成就,14 世纪的中世纪学者已经做出来了,至少是已经有所预示。

在一封解释《莱奥纳多·达·芬奇研究》第三卷的信中,迪昂明确概括了这一结论:

> 在 14 世纪,巴黎的硕士们在反抗亚里士多德权威的过程中,构造出了一种完全不同于逍遥学派的动力学;被认为在伽利略和笛卡尔那里得到数学表述和实验证实的原理的本质要素在这种动力学中已经存在……伽利略在青年时代曾经读过一些提出这些理论的论著。[③]

---

① 在冲力理论中,"冲力"(*impetus*)与拉丁语的 *vis impressa* 或 *virtus impressa*,希腊语的 *dynamis endidomene* 或 *horme endidomene* 同义,指的是赋予运动物体的一种使之运动的力。迪昂认为,冲力理论构成了亚里士多德力学与经典力学之间的一个环节,因为冲力在某种意义上已经包含了后来物理学中的"惯性""能量"等概念的内涵。由于本书讨论的是运动学,所以没有涉及属于动力学范畴的冲力理论。

② Clagett (1959), pp. xx-xxi.

③ *Rendiconti della Reale Accademica dei Lincei* (Classe scientia, fisica, matematica) 22 (1913), p. 429. 转引自 Murdoch (1991), p. 253.

类似的论断也出现在《莱奥纳多·达·芬奇研究》第三卷的前言中,迪昂开宗明义地指出:

> 由伽利略及其对手和弟子们[巴利亚尼(Baliani)、托里拆利、笛卡尔、贝克曼(Beeckman)、伽桑狄]所开创的力学科学并不是一种创造。近代思想并不是在阿基米德的著作向其揭示了把几何学应用于自然结果的技艺之后就立刻一劳永逸地把它创造了出来。伽利略及其同时代的人通过熟悉古代的几何学而获得了数学技巧,并用它们来提出和发展了一种力学,而这种力学的原理已被基督教中世纪所设定,最关键的命题也已由他们提出。这种力学在 14 世纪由巴黎大学的物理学家所教授……伽利略及其竞争者正是这一巴黎传统的继承人。当我们看到伽利略的科学战胜逍遥学派时……由于对人类思想史的无知,我们相信年轻的近代科学战胜了顽固的鹦鹉学舌似的中世纪哲学。实际上我们看到,诞生于 14 世纪巴黎的科学在经过了长期准备之后,终于战胜了亚里士多德和阿威罗伊的学说,到了意大利文艺复兴被恢复名誉。[1]

简言之,迪昂宣称 17 世纪科学革命实际上发生在 14 世纪,中世纪晚期的经院思想家是伽利略及其同时代人的先驱。

---

[1]　Duhem (1906—1913), vol. 3, pp. v-vi. 转引自 Randall (1962), p. 268 [经与法文原本核对,译文与 Randall (1962)稍有出入]。

第二,列出了 14 世纪科学的各项成就。

在这些成就中,最受迪昂重视的有:对抛射体连续运动和自由落体加速的成功解释,形式幅度学说的提出,对无穷大(或无穷小)量的断言,虚空存在的主张,地球旋转和多重世界的可能性,等等。而涉及抛射体运动、自由落体加速、形式幅度的内容是最重要的,因为它们最清楚地体现了 14 世纪对伽利略和笛卡尔的贡献。迪昂认为,布里丹的力学是伽利略力学的先驱,他的冲力理论预见到了经典物理学的惯性定律。奥雷姆也因为用图形表示质和运动而成为"解析几何的发明者"[①],以及由于对地球旋转可能性的讨论而成为哥白尼的一位先驱[②]。此外,迪昂还认为奥雷姆预见到了伽利略关于时间与下落距离之间关系的自由落体定律。

与本书主题关系最密切的是"形式幅度"学说。迪昂最早指出了这门科学。[③] 他认为,这门科学起源于"形式的增强和减弱"这一古老问题,在解决这一问题的过程中,质的范畴逐渐接近于量的范畴,最终导致了在 14 世纪占主导的司各脱主义的附加论,而这使得质的量化成为可能,于是被 14 世纪的学者用来描述均匀和非

---

① 迪昂说:"难道不应当说,二维的解析几何是由奥雷姆创造的吗?"参见 Duhem (1906—1913), vol. III, p. 375.

② 奥雷姆在《论天和世界》(*Le livre du ciel et du monde d'Aristote*)等著作中,提出了多重世界和地球绕轴周日旋转的可能性,并为此提供了许多强有力的论证,包括类似于伽利略用来捍卫运动相对性的船的例子。基于这些理由,迪昂称奥雷姆是哥白尼的先驱。迪昂说:"奥雷姆是哥白尼的一位先驱;他实际上主张,假定天静止不动,地球做周日转动,要比遵循相反的假说更有可能。"参见 Duhem (1913—1959), vol. VII, p. 534. 不过奥雷姆只是讨论了这些假说的可能性,最后仍然得出了地球静止的传统结论。

③ Duhem (1906—1913), vol. 3, pp. 375 sq.

均匀现象的各种时空分布。但牛津唯名论者使用的是一种笨拙的算术语言,他们不可能以精确和令人信服的方式来处理这些对象。这时,奥雷姆用几何构造取代了算术操作,提出了一种能够取代"计算"的新方法,预见到了笛卡尔解析几何的基本思想,并为伽利略的发现铺平了道路。几何学能够使问题更为简单和精确地得到处理,但牛津的学者并不理解这种新方法,所以并没有接受它,或者又把奥雷姆的几何论证重新翻译成那种他们已经习惯的笨拙的"计算"语言。[①]

我们将在后面看到,迪昂的这些说法有许多问题。这是一个极为复杂的过程,决不可以单单用"从对质的研究到对量的研究"这样一种简单的程式就可以概括。一方面,从历史上看,"形式的增强和减弱"问题关乎强度变化的本体论解释,它与均匀和非均匀现象的空间或时间分布成为研究对象并无直接关系;另一方面,牛津计算者的著作要早于奥雷姆的著作,而且奥雷姆的几何方法只是表面上与解析几何有些类似,但从根本上讲是与解析几何完全不同的东西。[②]

第三,强调了教会的影响,特别是1277年大谴责对于14世纪科学形成的作用。

1277年,巴黎主教唐皮耶(Etienne Tempier)宣布禁止讲授219条包含亚里士多德哲学内容的命题,否则会被逐出教会。比如命题34说:"第一因无法创造出多重世界"(*Quod prima causa*

① 　Maier(1952),pp. 272-273.

② 　Maier(1952),p. 273,n. 44;p. 274.

non posset plures mundos facere），命题49说："上帝无法沿直线推动天空，因为这样一来便会留下真空"（*Quod Deus non posit movere celum motu recto. Et ratio est, quia tunc relinqueret vacuum*）。在迪昂看来，这两个命题极为重要，它们是整个亚里士多德物理学的基础，唐皮耶对这些命题的谴责将会把基督教思想从亚里士多德主义和新柏拉图主义的桎梏中解放出来，产生出所谓的"近代"科学。人的想象力也被激发起来，构造出各种类型的假说来"拯救现象"。[①]　正因为此，迪昂石破惊天地宣称，1277年便是近代科学的诞生日期：

> 如果我们必须为近代科学的诞生指定一个日期，那么毫无疑问，我们将选择1277年，因为在这一年，巴黎主教唐皮耶庄严地宣称，有可能存在着若干个世界，整个天空有可能被沿直线推动。[②]

在迪昂以前，虽然也曾有学者注意到了1277年大谴责的影响，但他们都没有宣称它对14世纪思想有如此重大的意义，更没有注意到这些被谴责的命题潜在的科学影响。

第四，强调在14世纪的科学发展中，巴黎优越于牛津。

迪昂是一个法国人，也是一个虔诚的天主教徒，他试图捍卫巴

---

① Duhem（1906—1913），vol. 3，p. vii.
② Duhem（1906—1913），vol. 2，p. 412.

黎硕士们正统的信仰。① 虽然迪昂也讨论了牛津学者们的工作，但他错误的年代表，对布雷德沃丁等人工作的误解，以及过分的爱国热情使他断言，14 世纪科学最重要的成果是巴黎学者做出来的，从而掩盖了此前牛津发生的科学思想变革。迪昂《莱奥纳多·达·芬奇研究》第三卷的副标题就是："伽利略的巴黎先驱者"(les Précurseurs Parisiens de Galilée)，这也是三卷中唯一带有副标题的一卷。他说："牛津硕士们的思想极为模糊不清；为了使事情明晰，他们极其需要追寻着巴黎的光芒前进。"② 即使在承认某些英国著作"很有可能"要早于奥雷姆的著作，并且为后者所知晓时，迪昂也先来描述巴黎学派在 14 世纪中叶发现的某些思想，然后再说明这些思想为什么领先于同一时期牛津学派的思想。而在无法确定这两个学派到底是怎么相互影响的情况下，处理的顺序总是偏向巴黎一方。③

二 20 世纪科学史家对迪昂的批判和发展

自迪昂之后，许多科学史家都把注意力投向了 14 世纪，巴黎

---

① 在一篇关于奥雷姆的早期重要论文中，戴纳·杜兰德(Dana B. Durand)曾经这样描述迪昂人格的三个方面："在他这里，我们看到了一位充满爱国热情的法国人，他嫉妒英国人、德国人、意大利人甚至是中世纪人的成就。我们感受到了一个学术抱负因敌方的教育机器而受挫的天主教徒的敌意，渴望捍卫教会的科学传统。最后，我们回想起他本身是一位出色的物理学家，他研究科学史首先是要确立背景，发现他自己学科的'先驱者们'。"杜兰德认为，正是这些方面造成了迪昂在科学史研究方面的缺陷。参见 Durand (1941)，pp. 168-169。

② Duhem (1913—1959)，vol. 7, p. 636. 转引自 Murdoch (1991)，p. 263。

③ Murdoch (1991)，p. 264.

学派仍然在相当程度上统治着中世纪晚期科学史的研究,迪昂讨论的主题在中世纪晚期自然哲学的编史学方面起了核心作用。虽然迪昂某些草率的结论不断得到纠正,但在现代的研究文献中,我们还是经常会读到,布里丹的冲力理论导致了近代的惯性原理,奥雷姆关于地球转动的看法导致了哥白尼的天文学体系,他论述形式幅度学说的著作也是通向解析几何的重要一步。"可以说,在某种意义上,对中世纪力学后来的研究在很大程度上都是对迪昂工作的拓展或反驳。"①

对迪昂作出回应的科学史家主要有(按照年代顺序):康斯坦丁·米哈尔斯基(Konstantyn Michalski)、爱德华·扬·戴克斯特豪斯(图 1-2)、亚历山大·柯瓦雷(Alexandre Koyré)、安内莉泽·迈尔、欧内斯特·穆迪(Ernest Moody)、马歇尔·克拉盖特、柯蒂斯·威尔逊(Curtis Wilson)、詹姆斯·魏斯海普(James A. Weisheipl)、爱德华·格兰特、约翰·默多克、乔治·莫兰德、威廉·华莱士、伊迪丝·西拉等人。②

最初,对迪昂观点的评价是非常积极的。1913 年,海因里希·魏莱特纳(Heinrich Wieleitner)根据一部手稿第一次整理出了奥

---

① Clagett (1959), p. xxi.

② 对于中世纪科学史早期研究做出重要贡献的还有乔治·萨顿(George Sarton)、查尔斯·霍默·哈斯金斯(Charles Homer Haskins)和林恩·桑代克(Lynn Thorndike),其主要著作分别是未完成的《科学史导论》(*Introduction to the History of Science*)、《中世纪科学史研究》(*Studies in the History of Mediaeval Science*)以及《魔法与实验科学史》(*History of Magic and Experimental Science*)。但这些著作与我们探讨的内容关系不大,也不属于对迪昂著作的回应。

图 1-2　爱德华·扬·戴克斯特豪斯(Edward Jan Dijksterhuis,1892—1965)

雷姆《论质和运动的构形》中的部分内容(不到原文的一半)[①],肯定了迪昂在"形式的增强减弱"(intension and remission of forms)这一领域所持的观点。

1924 年,荷兰科学史家戴克斯特豪斯的著作《下落与抛射:从亚里士多德到牛顿的力学史研究》(*Val en Worp. Een bijdrage tot de Geshiednis de Mechanica van Aristoteles tot Newton*)出版,其中概述了迪昂的许多发现。戴克斯特豪斯认为,迪昂通过展示 14 世纪的科学成就,纠正了人们对中世纪科学通常的负面观点,同时也认为迪昂非常正确地把做出这些成就的人称为"伽利略的巴黎先驱"。虽然戴克斯特豪斯没有对迪昂的观点提出实质性的挑战,但是由于迪昂的著作仅仅给出了相关材料的法语翻译,戴克斯特豪斯在这部著作中为其补充了拉丁语原文和荷兰语翻译,

---

①　Wieleitner, H. "Über den Funktionsbegriff und die graphische Darstellung bei Oresme." *Bibliotheca Mathematica*, 3. Folge, Vol. 14 (1913-14), 193-243.

使材料的精确性大大增加。

1928 年,波兰哲学史家米哈尔斯基发表了《新物理学与 14 世纪种种哲学思潮》("La physique nouvelle et les différents courants philosophiques au XIVe siècle")一文,进一步提请人们注意迪昂所列举的一些 14 世纪科学成就。像这样接受迪昂结论的早期著名学者还有詹森(B. Jansen)和波舍尔特(E. Borchert)等人。[①]

渐渐地,越来越多的学者开始对迪昂的工作进行了批判和发展。这至少可以体现在以下五个方面:①修正迪昂关于 17 世纪科学起源于 14 世纪的观点;②表明迪昂的结论经常断章取义,而不考虑所引材料的背景;③越来越多的中世纪著作被整理出版或有研究专著问世;④牛津学者的工作日渐受到重视;⑤开始注重中世纪的自然哲学在内容和方法上与神学、逻辑等学科的统一性。[②]

---

① 詹森的著作是:B. Jansen, "Olivi der älteste scholastische Vertreter der heutigen Bewegungsbegriff.", *Philosophisches Jahrbuch der Görresgesellschaft*, vol. 33 (1920), pp. 137-152;波舍尔特的著作是:Ernst Borchert, "Die Lehre von der Bewegung bei Nicolaus Oresme." (*Beiträge zur Geschichte der Philosophie und Theologie des Mittelalters*, Band 31, Heft 3), Münster i. W., 1934. 参见 Murdoch (1991), p. 273. 后者第一次彻底地批判考察了奥雷姆的运动概念。

② 此外还可列出对迪昂的大谴责论题的回应,在这方面着力最多的科学史家是格兰特,最重要的相关论文是 Grant (1979)。他最关注的是某些特定的被谴责的命题对于 14 世纪科学思想的影响。他的结论是,首先,对某一命题的谴责使得人们"必然要承认"或"思考亚里士多德自然哲学领域之外的可能性";其次,"1277 年大谴责的一个主要后果就是表明和强调了上帝的绝对能力"。当然,上帝的绝对能力当然不是 1277 年大谴责的创造,但在 1277 年之后,诉诸上帝绝对能力的例子的确增多了。而且,如果上帝的绝对能力"变成了一种方便的工具来引入微妙的、假想的问题,从而产生新的回答",那么这一现象也许也要归之于 1277 年大谴责。参见 Murdoch (1991), pp. 281-283;Grant (1982), p. 539。

由于这几个方面的内容互有交叠，每一位科学史家可能同时在几个方面都有贡献，所以在下面不再严格按照这五点论述。

1. 17 世纪与 14 世纪科学的关系：柯瓦雷、迈尔和克拉盖特

俄裔法国科学史家亚历山大·柯瓦雷是反对迪昂关于科学发展连续性观点的代表人物（图 1-3）。他在 1939 年出版的《伽利略研究》(*Études galiléennes*)中指出，由布鲁诺、伽利略、笛卡尔等人建立的经典物理学并非延续了"伽利略的巴黎先驱"的中世纪物理学。经典物理学的真正先驱不是布里丹，也不是奥雷姆，而是阿基米德。[①] 16、17 世纪的科学革命并不是中世纪科学的延续，而是一种理性的"嬗变"(mutation)。在《伽利略与柏拉图》("Galileo and Plato")一文中，柯瓦雷指出：

图 1-3　亚历山大·柯瓦雷(Alexandre Koyré,1892—1964)

[①]　Koyré (1939)，pp. 9-10.

近代科学的创始人……所要做的，并不是批评或抵制某些错误理论，然后用一种更好的理论来取代它。他们必须做一些与此全然不同的工作，他们必须粉碎一个世界，以另一个全新的世界取而代之。他们必须重新塑造我们思想中原有的思维框架，重新表述和形成概念，提出一套研究事物的全新方法，一套新的世界观，一套新的科学观。[①]

真正开始从中世纪的原始文本出发，对迪昂的工作进行全面审查和重新评价的是德国女科学史家安内莉泽·迈尔（图1-4）。[②]她在梵蒂冈图书馆中认真研究了中世纪的大量原始手稿，在著作中给出了相应的拉丁语原文，从而保留了中世纪资料的原貌，而不

图1-4　安内莉泽·迈尔（Anneliese Maier，1905—1971）[③]

---

① Koyré（1968），pp. 20-21.

② 关于迈尔的生平和贡献，参见 Maierù（1991），Murdoch and Sylla（1981a），Maierù and Bagliani（1981），pp. 15-23 和 Maier（1982），pp. 3-20［中译文见萨金特（2007）］。

③ 此照片取自 Maier（1977）扉页。

像迪昂那样只给出了只言片语的法文翻译。她对中世纪自然哲学二十多年的研究成果集中体现在五卷本的"晚期经院自然哲学研究"中。

迪昂的问题不仅表现在他往往断章取义地引用中世纪的某个陈述，没有附拉丁文原文，更反映在他经常不考虑中世纪思想要素之间的关联。在迈尔看来，在这方面的疏忽是迪昂著作最大的缺陷，他对中世纪的文本作了过多现代意义上的解读，而没有考虑赋予其意义的形而上学背景。迈尔的著作最突出的特点就是，她坚持经院哲学的文献应当从作者本人的概念立场来考虑，而不应从后来科学理论的视角加以审视。在这方面，她与柯瓦雷是一致的。迈尔不仅避免了迪昂的年代误植，而且探究了迪昂所忽视的隐藏在经院哲学思想背后的结构。[①] 在迈尔看来，理解某一特定问题的形而上学背景对于正确理解这个问题是至关重要的。她试图公正合理地评价中世纪科学思想的成就，理解14世纪的自然哲学家在何种意义上可以称为"伽利略的先驱"。如果把迪昂所发现的力学思想还原到当时的背景，那么我们就会发现，它们与近代力学中的概念有本质不同。以冲力理论为例，迈尔的结论是，虽然从表面上看，布里丹的冲力与近代科学中的惯性概念不无相似之处，但其实是根本不同的。因为在中世纪学者看来，物体仍然必须有力的推动才能运动，冲力担当的就是这样一个角色，而在近代科学中，物体不需要力的推动就可以运动。此外，冲力理论家认为冲力是一种存在于运动物体本身之中的随着运动的进行而不断减小的

---

① 　萨金特(2007)，第46页。

"质",这样一种形而上学概念当然与惯性不同。[1] 如果注意不到这种思想背景的区别,就会草率地得出 14 世纪就已经预见到了惯性定律这样的结论。

迈尔认为,经院自然哲学的成就主要是在方法论上,而不是具体的物理成果。它"不在于预先做出了物理发现,而是由于他们在自然科学的形而上学、认识论和方法论基础方面的洞见"[2]。这"无疑表现在形而上学—本体论的分析方面。古典科学讨论过的所有自然科学概念,如空间、时间、质量、力、能量、运动、速度……不可入性、疏密、重量、惯性等,经院哲学家几乎都研究过,而且都在本体论层面上进行过澄清"[3]。事实上,正是这种对"形而上学—本体论"的强调,将中世纪晚期物理学与近代物理学最好地区分开来。比如后面我们将会看到,奥雷姆讨论形式幅度的著作更关注的是"本体论—形而上学含义",而不是像迪昂说的那样发明了解析几何。

于是,在近代科学与中世纪科学的连续性方面,迈尔采取了一种更为宽广的研究理路。在澄清经院自然哲学的结构和意义以及中世纪与近代科学之间关系方面,迈尔远远超越了迪昂。从整体上看,在任何一个给定的概念或问题上,迈尔都提供了比迪昂公允和真实得多的中世纪图景。她试图给出一种不偏不倚的评价,既看到晚期经院哲学思想的成就,也能看出它的局限。她把从 13 到18 世纪的自然哲学史视为逐渐抛弃亚里士多德主义的历史。亚

---

①　Maier（1964），pp. 353-380.

②　Maier（1958），p. 377.

③　Maier（1958），p. 379.

里士多德主义被取代的两个主要阶段分别是14世纪和17世纪。这两个阶段的主要区别在于,17世纪的思想家不仅抛弃了个别理论,而且也抛弃了亚里士多德自然哲学的基本原理,而这是经院自然哲学家绝不可能做到的。17世纪哲学家感兴趣的首先是构造庞大的体系,形成一种新的世界观,而对细致地澄清自己的形而上学则较少关注。因此,尽管17世纪的思想家们的确毅然抛弃了经院—亚里士多德的关于形式和质的形而上学及其衍生理论,但他们并没有与过去完全决裂。事实上,他们继续悄无声息地、有时是无意识地使用着晚期经院哲学家所提出的诸多概念。[1] 迈尔的结论是,中世纪晚期并没有预先做出(vorweggenommen)17世纪的那些成就,而是为他们准备了(vorbereitet)道路。[2] 这种准备并不表示14世纪与17世纪之间实际的依赖性或历史连续性,而只是大致类似(ungefähre Entsprechungen)。[3] 由于发生了世界观的转变,在经院哲学的解释与近代的解释相似的情况下,我们至多可以说某些经院哲学理论类似于经典物理学的理论,但它们彼此并不等价。

不过,虽然迈尔的研究开辟了迪昂没有研究过的许多中世纪自然哲学领域,但就内容而言,五卷"晚期经院自然哲学研究"的核心主题仍然是迪昂的,如冲力理论、加速和自由落体、无限、形式的增强减弱、形式幅度,运动、时间、空间的本性等。而且,她偶尔也会带着过于现代的眼光去看事物,特别是在关于无限和连续的讨

---

①　萨金特(2007),第46、47页。
②　Maier(1964),p.414.
③　Maier(1958),p.375.

论中,比如她将14世纪思想家的某些观念等价于现代的超限数(Transfinit)[1]、微分运算、集合论的对应原理(Äquivalenzsatz der Mengenlehre)和戴德金分割(Dedekindscher Schnitt)[2]等观念,这些结论都有待商榷。此外,在当时,她对逻辑、神学等社会文化因素与相关著作的联系强调得还不够,认识也不够深入。

美国中世纪科学史家马歇尔·克拉盖特是桑代克的学生,年龄比迈尔略小,他在力学史方面最有影响的著作是《中世纪的力学科学》(图1-5)。在很大程度上,他成为20世纪下半叶中世纪科学史研究领域的领军人物,他培养的许多学生乃至学生的学生都成为这一领域的佼佼者。和迈尔一样,克拉盖特同样主张14世纪与17世纪既有连续,也有断裂。但在对哲学背景和方法论的强调上,克拉盖特不及迈尔,他所关注的更多是14世纪具体的力学内容与近代科学的关联。他在《中世纪的力学科学》的导言中指出:

图1-5 马歇尔·克拉盖特(Marshall Clagett,1916—2005)

---

① Maier (1949),p. 213.
② Maier (1958),pp. 378-379.

　　伽利略、笛卡尔甚或牛顿的物理概念尽管看上去激进,但实际上却以多种方式被留存到近代早期的古代和中世纪的知识所制约(conditioned)……我们可以看到,中世纪的力学(主要是带有一些阿基米德特征的亚里士多德力学)被不断加以改造,直到濒临崩溃,从而要求一种新的力学体系——正是17 世纪伽利略—牛顿的体系满足了这一要求。[①]

　　这个结论当然不错,但并不全面。因为它只注意到了中世纪科学被近代科学继承的部分,而没有强调 14 世纪自然哲学中新的独特的东西。虽然克拉盖特的讨论比迪昂更具历史精确性,但在写作中世纪力学史时,克拉盖特所讨论的主题较之迈尔更是迪昂式的。他所探讨的 14 世纪的成就基本上就是迪昂所列出的那些成就,如冲力问题、自由落体加速问题、形式幅度问题、匀加速运动定理等。当然,这也是他从近代科学的角度看待中世纪自然哲学的必然结果。不过,作为一位学识极为渊博的顶尖的科学史家,克拉盖特对这些内容的各种背景一清二楚。他在《中世纪的力学科学》的前言中明确指出,他对中世纪力学的考察在很大程度上有意忽略了中世纪对方法论的讨论,以及曾被迈尔出色探讨过的物理学与哲学之间的许多重要的边缘地带。他的工作旨在展示这样一些中世纪力学学说的实质性内容和目标,它们或者以数学术语表

---

① Clagett 1959, p. xix.

示出来，或者对一种数学力学产生了重要影响。[①] 而且，他也明确声称将力学分成静力学、运动学和动力学三方面来组织内容是一种时代误植的权宜之计。[②]

2. 原始资料的编辑整理

由于中世纪的手稿大都被保存在各大博物馆和图书馆中，均未整理出版，所以在 20 世纪 50 年代之前，研究 14 世纪科学的学者很大程度上只能依靠已有的研究文献以及其中零星出现的原文。从 50 年代起，克拉盖特主编了一套关于中世纪科学的研究专著，由威斯康星大学出版社陆续推出，这无疑是一次壮举。除了对文本详细的评注和背景分析外，其中大多数著作都包含有拉丁语原文和英语翻译，从而大大有助于我们更为精确地了解中世纪科学的思想背景和内容。1952 年，作为这套书中的第一卷，克拉盖特与穆迪合编的研究中世纪静力学的《中世纪的重量科学》(*The Medieval Science of Weights*)一书出版，书中收入了中世纪静力学的所有重要文献，"试图为历史学家和科学家判断迪昂关于中世纪静力学重要性的主张提供完整文本"[③]。此书出版之后两年，著名科学史家 I. B. 科恩就对这本书给予了高度评价：

---

① 的确，克拉盖特的大部分工作都关乎纯数学或数学在自然哲学中的应用。这种对数学的强调最突出地表现于他在 1964—1984 年陆续出版的五卷本的《中世纪的阿基米德》(*Archimedes in the Middle Ages*)。

② Clagett 1959, pp. xxii-xxiii.

③ Clagett (1959), p. xxii.

随着我们对前伽利略科学了解得越来越多，我们开始以一种全新的眼光去评价伽利略的天才。虽然我们现在知道，他所使用的许多观念在其先驱者的著作中都可以找到，但伽利略的巨人形象实际上并没有被削弱，因为即使某些基本概念和原理一直在流传，没有人知道应当如何将它们纳入一个近代动力学体系之中；在所有同时代的人中间，只有伽利略看到了如何以一种富有成果的方式将力学科学合在一起。然而，尽管如此，那种认为近代科学开始于伽利略的常见看法却不得不被抛弃……克拉盖特和穆迪所展现的文本以及出色的导论和评注使我们注意到，中世纪在力学方面的确存在着进步，关于中世纪阿基米德物理学的流行看法充满了无知。[①]

到目前为止，这套书已经出版了 16 卷。

1974 年，克拉盖特的学生爱德华·格兰特编译的大部头的《中世纪科学原始资料集》（*A Source Book in Medieval Science*）出版（图 1-6）。如果说克拉盖特的《中世纪的力学科学》是全面展示中世纪力学成就的重要著作，那么可以说《中世纪科学原始资料集》第一次将中世纪科学方方面面的成就展现在我们面前。书中基本按照现代自然科学学科进行材料的组织，其中不少材料曾经出版过，内容包罗万象，不仅包括数理科学，而且包括炼金术、化学、地理学、海洋学、生物学、医学、解剖学等，令人大开眼界。不过，既然涉及这么广的领域，所给出的材料只能是从原著中抽取的

---

① I. Bernard Cohen (1954), p. 188.

一小部分,所以读起来难免让人意犹未尽。

图 1-6 爱德华·格兰特(Edward Grant,1926—)

此外,克拉盖特曾于 1950 年发表了一篇重要的文章——"斯万斯海德与晚期中世纪物理学:I. 质的增强和减弱"("Richard Swineshead and Late Medieval Physics (1)"),讨论的是斯万斯海德《算书》第一章的内容。[①] 他希望以此为开端,陆续将这部著作的全部内容整理出来,但后来由于种种原因终未实现,实为憾事。

3. 由巴黎转向牛津:中世纪思想的统一性

和米哈尔斯基、桑代克[②]一样,迪昂也是最早注意到牛津学派著作的科学史家之一。但他对这些人的著作不够重视,认为他们阻碍了科学的发展,而且是巴黎影响了他们而不是相反。由于关于牛津计算者的传记材料非常稀少,他们的生平和著作年代很难确定,所以到底是他们的著作影响了奥雷姆,还是奥雷姆的著作影

[①] Clagett (1950).

[②] 桑代克曾经专门写过一篇文章介绍斯万斯海德的《算书》,后收在他的《魔法与实验科学史》的第三卷中。参见 Thorndike (1932)。

响了他们，自迪昂之后也成了一个悬而未决的问题。很大程度上是由于克拉盖特的《中世纪的力学科学》，我们才第一次有了相对比较确定的牛津计算者的著作年表。[①] 在对牛津计算者的生平和著作进行考证方面，中世纪哲学史家魏斯海普的工作特别重要，他的研究主要就是围绕这一主题展开的。我们现在知道，奥雷姆的《论质和运动的构形》写于 14 世纪 50 年代，而布雷德沃丁的《论运动速度的比》、海特斯伯里的《解决诡辩的规则》和斯万斯海德的《算书》无疑要早于这个时间，所以可以肯定地说，如果说他们相互之间产生过影响，那也一定是牛津计算者影响了奥雷姆，而不是相反。

在迈尔和克拉盖特之后，14 世纪科学史研究领域出现的最显著变化之一就是，研究重心由巴黎转向了牛津。迈尔和克拉盖特的成果表明，牛津学者的著作不仅并非像迪昂所说的那样拙劣和对科学发展起阻碍作用，而且相当重要，对近代科学产生了深刻的影响。之所以会有这种研究重心的转移，一方面是因为牛津学者的工作相对而言更加不为人所知，而且又极为重要，另一方面也是因为通过它们更能折射出 14 世纪精神的原貌，更有助于我们真正了解那个时代。这突出地表现在，科学史家们越来越认识到牛津计算者的著作需要在更广阔的背景下来考察。在这方面，以美国科学史家约翰·默多克和他的学生伊迪丝·西拉的工作最为重要（图 1-7、1-8）。[②]

①　Sylla（1987a），p. 258.

②　例如参见 Sylla（1982）、（1987a）和（1991b）。

图 1-7   约翰·默多克(John E. Murdoch,1927—2010)

图 1-8   伊迪丝·西拉(Edith Dudley Sylla)

虽然在将牛津计算者及其同时代人的著作放在其固有的思想语境方面,迈尔已经使我们前进了一大步,她给出了远比前人更准确的观点,也更重视他们的工作,但她并没有强调逻辑等社会文化因素对于理解这些英国学者著作的重要性。正如西拉所指出的:"我们需要沿着这条路进一步走下去,将自然哲学与当时的逻辑、数学、神学、医学联系在一起,将所有这些思想活动与其体制和社会背景联系起来。"[1]西拉认为,

---

① Sylla (1987a),p. 266.

通过社会和文化背景来考察牛津计算者的工作,我们可以更加真切地理解这些工作背后的动机。例如,早期的科学史常常指责中世纪的自然哲学家没有认识到实验和观察在自然科学中的重要性。然而,如果我们知道,牛津计算者和其他大多数经院自然哲学家一样,并不致力于做出科学发现,而是为了培养未来的教会和政府职员,那么就很可以理解为什么他们会强调他们所做的某些事情了。我们也可以理解他们为什么会谈论度量而不实际去测量任何东西:他们只是为了能够精确地定出命题和论证的真值,而不是通过收集外在世界的数据来做出新的发现。[①]

在这种对社会和文化背景的研究中,以"指代"(*suppositio*)和"诡辩"(*sophismata*)为代表的中世纪逻辑在牛津计算者的著作中所扮演的重要角色逐渐得到揭示便是一个标志,这种对逻辑和逻辑技巧的运用最突出地表现在海特斯伯里和斯万斯海德的著作中。"在成为艺学学士之前,每一个中世纪的本科生都要参加若干次论辩,以强化从课程中学习的过程。在逻辑论辩中,学生们有可能被要求对命题进行分析来确定它们为真或为假的条件,而这可能依赖于命题谈论物理世界中物体的方式。对运动的度量有时就包含在这些分析中。"[②]迈尔曾经指出:"计算得以繁荣的最重要的领域是14世纪的物理诡辩。"[③]在理解逻辑和诡辩在牛津计算者

---

① Sylla (1987a), p. 267.
② Strayer (1987), vol. 9, p. 627.
③ Maier (1952), p. 264.

著作中所起的作用方面,西拉的重要论文"牛津计算者"("The Oxford Calculators")可以说是开创了一个新的阶段。[1]

也正是在这个意义上,默多克才称威尔逊的《威廉·海特斯伯里:中世纪逻辑与数学物理学的兴起》标志着一个新的研究时代的开始,而比它早出版一年的克罗斯比的《托马斯·布雷德沃丁:他的〈论(运动速度的)比〉》则没有威尔逊的那样重要。从海特斯伯里著作的名称——《解决诡辩的规则》就可以看出诡辩在其中所扮演的角色。在威尔逊的论著出版之前,几乎没有人意识到诡辩在中世纪晚期的科学和哲学中竟然如此重要。默多克还说,如果克拉盖特当初能够将斯万斯海德的《算书》编译完成,并进行深入研究,那么从某种意义上他就在牛津计算者的研究领域开创了一个新时代。[2]

这种将中世纪思想纳入恰当背景的类似工作还有许多,比如现已得到公认的 14 世纪自然哲学"根据想象"(*secundum imaginationem*)的特征,许多学者对布雷德沃丁定律真实含义的揭示[3],莫兰德关于亚里士多德和 14 世纪自然哲学的整体论的揭示等[4]。

总之,相比迪昂时代,当今对 14 世纪科学史的研究已经大为深入。更加注重当时的思想背景,尽可能少地以现代科学的眼光

---

[1]　Sylla (1982).

[2]　Murdoch (1991), p. 288.

[3]　比如参见 Molland (1968)。详见第五章。

[4]　Molland (1982),(1989a).

去看待中世纪的科学，这已经成为科学史研究的大势所趋。我们期待着，包括哲学、神学、逻辑在内的各种社会文化因素能够在14世纪的科学史研究中更好地融合起来，使那个遥远的时代愈发生动起来。

第二章　关于运动本性的争论[①]

质与运动的类比与中世纪自然哲学关于运动本性的争论有关。要想理解这一问题,必须从亚里士多德的范畴学说和对运动的分类谈起。

一　亚里士多德的范畴学说和对运动的分类

1. 范畴学说

亚里士多德的范畴学说主要是在《范畴篇》中给出的。在这部著作中,亚里士多德区分了①可以述说主词,但不存在于主词之中[②]的东西,如"人";②存在于主词之中,但不用来述说主词的东西,如"个别的白";③既用来述说主词,又存在于主词之中的东西,如"一般的白";④既不存在于主词之中,又不用来述说主词的东

---

①　本章的主要内容曾以"中世纪自然哲学关于运动本性的争论"为题发表于《自然科学史研究》,2008 年,第 1 期。

②　亚里士多德指出,所谓"存在于一个主词之中",不是指像部分存在于整体中那样的存在,而是指离开了所说的主词,便不能存在。参见 Aristotle, *Categories*, 1ª24-25。

西,例如"个别的人"或"个别的马"①。存在于主词之中意味着偶然而非必然地属于这个主词,所以存在于主词之中的东西并不是这个主词的本质,它不能脱离主词而存在;而述说主词的东西则意味着任何可以对主词进行言说的东西,无论是本质的还是非本质的。

根据以上区分,亚里士多德定义了第一实体和第二实体:

> 实体,就其最严格的、第一性的、最确切的意义上说,是既不可以用来述说主词,又不存在于主词之中的东西,如"个别的人"或"个别的马"。

> 那些作为种(species)②而包含着第一实体的东西,则被称为第二实体,还有那些作为属而包含着种的东西也被称为第二实体。例如,个别的人被包含在"人"这个种之下,而"动物"又是"人"这个种所隶属的属。因此,这些东西——就是说"人"这个种和"动物"这个属——就被称为第二实体。③

于是,第一实体就对应着前面分类中的④,第二实体对应着①,

---

① Aristotle, *Categories*, 1ª20-1ᵇ5.

② 需要注意的是,汉语哲学界关于种属的译法一般与生物学界正相反,生物学界把 genus(γένος)译成"属",把 species(εἶδος)译成"种",属高于种;哲学—逻辑学界正相反,把 genus 译成"种",把 species 译成"属",种高于属,故有所谓"种加属差"一说,若按生物学界的说法则应该是"属加种差"。本书采取的是生物学界的译法,将 genus 译成"属",将 species 译成"种"。于是,动物是属,人是种;人是属,个人是种。属包含种,种属于属。

③ Aristotle, *Categories*, 2ª12-18.

即可以本质地断言第一实体的东西，如人、马、动物、实体本身等。

亚里士多德所说的"范畴"（希：κατηγορία，拉：*praedicamentum*）的意思是"对主词进行谓述或言说的某种东西"。范畴不是外在于心灵的事物，而是用于描述事物的词或概念。可以说，范畴理论是一种谓词理论。亚里士多德仅仅抓住系词"是"连接判断的主词和谓词的用法，揭示实体的意义。主词所属的范畴是"实体"，谓词所属的范畴是属性。亚里士多德共列出了十种范畴：

> 每一个不是复合的用语，或者表示实体（substance），或者表示量（quantity）、质（quality）、关系（relation）、位置（place）[①]、时间（time）、姿势（situation）、具有（having）、作用（action）[②]和承受（affection）[③]。实体，如"人"或"马"；量，如"两肘长""三肘长"；质，如"白的""通晓语法的"；关系，如"二倍""一半""大于"；地点，如"在吕克昂""在市场"；时间，如"昨天""去年"；姿势，如"躺着""坐着"；具有，如"穿鞋的""贯甲的"；作用，如"切割""烧灼"；承受，如"被切割""被烧灼"。[④]

---

① 在亚里士多德这里，"place"更准确的译法应为"处所"，指包围一个物体的东西不动的内表面（Aristotle, *Physics* IV, 212ᵃ20-21）。但为了和后面这个范畴所对应的"位置运动"相一致，这里译为"位置"。

② 这里传统译为"活动"或"做"，不大能体现 action 的原义，因为 action 指的是一种对他者主动的作用，和后面被动的"承受"（passion）相对应。这两个词或可译为"主动"和"受动"。如果从这两个词的拉丁词来看就很清楚了，前者为 *agere*，表主动；后者是 *pati*，表被动。

③ Aristotle, *Categories*, 1ᵇ25-27.

④ Aristotle, *Categories*, 1ᵇ27-2ᵃ4.

　　严格说来,亚里士多德所说的范畴是指那些最一般的谓词,而不是我们日常用语中用到的随便什么谓词。所以以"红色的""这里"并不是范畴,"质"和"位置"才是范畴。亚里士多德在《形而上学》中指出了列举十种范畴的意图:

　　　　范畴有多少类,"是"就有多少类。有些范畴说明主词是何物,有些说它的质,有些说它的量,有些说关系,有些说作用或承受,有些说位置,有些说时间,"是"总得有一义符合这些说明之一。①

　　也就是说,十大范畴是十种不同的谓词,代表谓述事物的最终方式。除实体之外,其余九个范畴均代表着不同类型的偶性。除了是谓述的方式以外,范畴还被认为是存在的方式。于是,任何存在的东西都要以某种方式处于范畴之中。② 在下一节中我们将会看到,亚里士多德逻辑学与形而上学之间的这种关系和张力是关于运动本性争论的主要起因。

　　(1) 实体。只有实体(希:$o\overset{\cdot}{v}\sigma\iota\alpha$,拉:$substantia$)可以充当主词,其他九种范畴都是用来表述主词的谓词。实体与各个偶性范畴的主次关系可以从"S 是 P"的判断形式看出。由于 S 在先,P 在后,所以实体在定义上、认识顺序上、时间上都在先。各种属性都因围绕着实体这个中心而有意义。实体不依赖其他东西而独立存

---

① Aristotle, *Metaphysics*, 1017ᵃ22-27.
② Wallace (1981), p. 28, n. 22.

在,属性则必须依附于实体才能存在。

　　由于判断的主词可以被分为两种:有些主词只能用作主词(表示个体事物的专名),有些主词也可以用作谓词(表示种和属的通名),所以在这个基础上,亚里士多德又区分了第一实体和第二实体。第一实体对应着个体事物,第二实体对应着种和属。

　　在亚里士多德的范畴学说中,第一实体占据首要地位。在这一点上,亚里士多德与柏拉图的学说分道扬镳。亚里士多德认为,第一实体是所有其他东西的基础。除第一实体之外,任何其他东西或者是被用来述说第一实体,或者是存在于第一实体之中。[①]实体有以下几个主要特征[②]:①任何实体都不存在于一个基体[③]之中;②第一实体是个体,第二实体是个体的属和种;③实体没有一个相反者;④实体没有程度的差别;⑤实体容许有相反的质(但不是同时容纳[④]),这是实体最突出的标志。

---

①　Aristotle,*Categories*,2^b4-6.

②　Aristotle,*Categories*,3^a6-4^b18.

③　"基体"(希:*Υποκείμενον*,拉:*substratum* 或 *subjectum*,英:subject)是本书中一个重要的术语,它来自亚里士多德的逻辑学和形而上学。这个词的含义在亚里士多德那里十分复杂,在不同地方的用法不尽一致,有时指承载各种属性的那个不变的"托底的东西",有时指逻辑上的"主词",有时就等同于后面所说的"实体"(*ούσια*,*substantia*,substance)(汪子嵩先生曾建议译为"本体",的确更为恰当,但这里姑且遵照"实体"这个更通行的译法),指事物的本质,即使事物是其所是的那个东西。对这个问题的详细讨论已经超出了本书的范围。关于这两个词在亚里士多德那里的确切含义以及后来在拉丁语中的不同翻译考虑,比如可参见余纪元:"亚里士多德论ον",《哲学研究》1995年第 4 期,第 63~73 页。在本书中,这个词大都指第一种意思,即承载属性的东西,这时我们将它译为"基体",有时甚至不加区别地将它译为或等同于"物体",而在表示逻辑意义时则译为"主词"。

④　Aristotle,*Categories*,5^b39-6^a3.

在与实体相对的其余范畴中，像位置（希：τόπος；拉：locus）这样的属性并不内在于基体之中，因为它依赖于物体与包围它的东西之间的关系。而量和质这样的属性却是基体所固有的。

（2）量。在《范畴篇》中，亚里士多德把量（希：ποσόν；拉：quantum）作为实体之后的第一个范畴。量回答的是"多少"和"大小"的问题。通过量，一个物体可以被称为大或小，或在部分之外还有部分，或可以被分成若干部分。量可以分为离散量和连续量。离散量的例子有数和言语，因为数和言语的部分与部分之间没有共同边界；连续量的例子有线、面、体、时间、位置，因为它们的部分与部分之间有共同边界。量或者由彼此有一定位置关系的部分所构成，如线、面、体、位置；或者由彼此没有一定位置关系的部分所构成，如数、时间、语言。①

亚里士多德指出，严格说来，只有这些东西才属于量的范畴，任何其他被称为量的东西，都只是在第二性的意义上才是一个量。例如，某一白色的物体所以被说成是"大的"，是因为白色所覆盖的"面"是大的，某一作用或某一过程被说成是"长久的"，是因为它所经历的"时间"很长久。像白色、作用、过程这些东西，本身并不能称为量，如果它们被称为量的话，那只不过是在第二性的意义下才是如此。②

在《形而上学》中，亚里士多德又对数学上的量作了更为细致的定义。他说：

---

①　Aristotle, *Categories*，4^{b}20-4^{b}37.

②　Aristotle, *Categories*，5^{a}38-5^{b}10.

量(*quantum*)是指那种可以被分成两个或更多部分，且每一部分在本性上都是"一个"(one)或"这个"(this)的东西。量，如果是可数的，则是"多少"(plurality)；如果是可度量的，则是"大小"(magnitude)。"多少"是指那种能够潜在地分成非连续部分的东西，"大小"则是指能够潜在地分成连续部分的东西。在一维上连续的"大小"是长，在二维上连续的"大小"是宽，在三维上连续的"大小"是深。有限的"多少"为数，有限的长为线，有限的宽为面，有限的深为体。①

量的特征是：①量没有相反者(只有位置最有理由认为包含着一个相反者②)；②量不允许有程度的不同，如三个东西比另外三个东西并不更是三个东西，也不能说一段时间比另一段时间更是时间；③量可以被称为相等或不等，这是量最突出的标志，如一个体可以等于或不等于另一个体，一段时间可以等于或不等于另一段时间。③

（3）质。质(希：πoιóτης；拉：*qualitas*)指的是"人们借以称事物拥有某种性质(qualified)的那种东西。"④它实际上是一种偶性，如理智的、白的、健康的，使得某种已经得到本质规定的实体(如人)成为某一种。

---

① Aristotle, *Metaphysics*, 1020ᵃ7-14.

② 这里并不是说位置属于量的范畴，因为位置是一个独立的范畴，不能完全归结为量；而是说，位置也有量的成分，也可以用量来描述，因为十大范畴本来就是用来描述一切事物的。

③ Aristotle, *Categories*, 5ᵇ11-6ᵃ35.

④ Aristotle, *Categories*, 8ᵇ25-26.

　　亚里士多德把质分成四种。① 习性（habit）和状况（condition），习性较为持久和稳定，相对难以变动，如知识和德性；而状况则很容易改变，如暑热、寒冷、疾病、健康。②天生的能力（capacity）或无能（incapacity）。如有些人被称为健康，是因为他们有某种天生的能力可以抵抗病痛的侵袭。一个东西被称为硬的，是因为它有一种抵抗能力可以抗拒破坏。③ 影响的质（affective qualities）和影响（affections），如甜、苦、酸、热、冷、黑、白等。它们被称为"影响的质"并不是因为拥有它们的事物本身以某种方式遭受了影响，而是因为它们都可以对感官造成影响。不过，黑、白等颜色却不是在这个意义上被称为"影响的质"，而是因为它们本身就是由某种影响引起的。④ 形状（shape）和外形，如曲、直、有三个角等。①

　　质的特征有三个。①质可以有相反者，如正义是非正义的相反者，白是黑的相反者，但并非所有质都有相反者，如红、黄等颜色就没有相反者。②质容许有程度的不同，如白和更白，长于语法和更长于语法，健康和更健康，正义和更正义。这一点为质的量化埋下了伏笔。只有形状的质是例外，它没有程度的不同，比如不能说一个三角形比另一个三角形更是三角形，也不能说一个圆比另一个圆更是圆。③事物可以借助质被称为相似或不相似，这是质独有的特征。

---

　　① 　Aristotle, *Categories*, 8^b25-10^a16.

2. 对运动的分类

（1）潜能与现实。在亚里士多德的自然哲学中，运动概念起着决定性的作用。在他看来，自然是运动和变化的根源，"因此必须了解什么是运动。因为不了解运动，就不了解自然"[1]。

以巴门尼德为主要代表的埃利亚派哲学家从运动概念的内在矛盾出发，否认运动和变化具有实在性，认为一切变化都只是由于我们感官的欺骗而产生的幻象，实际上是不可能的。真正的存在是一，是永恒不变的。这是因为，如果运动和变化存在，那么某种存在的东西就会来自于某种非存在的东西，或者说非存在必定存在，这是一个矛盾。也许主要是为了反驳埃利亚学派的观点，亚里士多德区分了潜能（希：$\delta \upsilon \nu \alpha \mu \iota \varsigma$；拉：*potentia*；英：potency, potential 或 power）与现实（希：$\tilde{\epsilon} \nu \tau \epsilon \lambda \acute{\epsilon} \chi \epsilon \iota \alpha$；拉：*actus*；英：actuality）。

在亚里士多德那里，运动（希：$\kappa \iota \nu \eta \sigma \iota \varsigma$；拉：*motus*；英：motion）并不是一个原初的概念，而是需要根据其他更基本的概念进行定义。潜能与现实便是这样的基本概念。根据它们，亚里士多德对运动作出了如下著名定义："运动就是潜能作为潜能的现实化。"（希：$H \tau \tilde{\upsilon} \delta \tilde{\upsilon} \nu \acute{\alpha} \mu \epsilon \iota$ '$\acute{o} \nu \tau o \varsigma$ '$\epsilon \nu \tau \epsilon \lambda \acute{\epsilon} \chi \epsilon \iota \alpha$, $\tilde{\eta} \tau o \iota o \tilde{\upsilon} \tau o \nu$, $\kappa \iota \nu \eta \sigma \acute{\iota} \varsigma$ '$\epsilon \sigma \tau \iota \nu$；拉：*motus est actus entis in potentia secundum quod in potentia est*）[2] 在这个意义上，运动是联系潜能与现实的桥梁，物体必须处于完全

---

[1]　Aristotle, *Physics* III, 200^{b}12. "不了解运动，就不了解自然"（ignorato motu ignoratur natura），这句话后来成了中世纪的一句格言。

[2]　Aristotle, *Physics* III, 201^{a}11.

的潜能和完全的现实之间。当物体仅仅处于潜能时，它还没有运动；当它已经完全处于现实时，运动已经停止了。因此，运动是未完成的现实化。运动和变化并不是存在来自于非存在，而只是存在方式的改变，即从潜能存在过渡到现实存在。

　　而这也就等于说，运动是一条从不确定（起点）过渡到确定（终点）的道路，所以运动的意义是由它的两个端点（termini）赋予的。在这个意义上，没有起点（*terminus a quo*）和终点（*terminus ad quem*）这两个端点的帮助，运动是无法设想的。而两个端点可分为两种类型，一种被称为"相反者"（contraries），另一种被称为"对立者"（contradictories）。严格说来，亚里士多德所说的"运动"（κίνησις）仅指在两个"相反者"之间发生的运动，即属性为非 a 的实体 x 获得了属性 a。它们指下面所说的三种狭义的运动，即量、质、位置方面的影响实体状态的运动；而在两个"对立者"之间发生的运动是指，某种非 x 的东西变成了实体 x，或实体 x 变成了某种非 x。它并不影响实体状态的改变，而是涉及实体的产生或毁灭，指下面所说的实体方面的运动。"相反者"之间发生的运动（κίνησις）与"对立者"之间发生的运动合在一起可称为"变化"（μεταβολή）。[①]

　　（2）三种范畴的运动。运动作为潜能的现实化，本身并不属于存在范畴（category of being），因为它不是存在（being），而是生成（becoming），所以运动必须同时跨越几个范畴，对运动的定义也必须超越范畴。如果只考虑狭义上的运动，即不考虑瞬间完成

---

　　①　　Aristotle, *Physics* V, 225ᵃ 12ff.；Clavelin（1974），p. 8.

的实体变化或"嬗变"（mutatio），那么运动就是相继地（successively）获得或失去范畴要素（kategoriales Moment）或所谓的"完满"（perfectio）。换句话说，运动就是相对于量、质、位置三种范畴之一的连续的状态变化。[①] 亚里士多德说：

> 既然范畴分为：实体、质、位置、时间、关系、量、作用和承受，那么就必然有三类运动——质方面的运动、量方面的运动和位置方面的运动。[②]

这是因为，实体没有运动，因为没有什么存在的事物与实体相反；也无关系范畴下的运动，因为一个新的关系是其他某个范畴下的变化所导致的结果，运动对于关系仅仅是偶然的；作用和承受范畴下也没有运动，因为它们实际上就等同于运动，作用是从施动者方面考虑的运动，承受是从受动者方面考虑的运动。作用和承受方面的运动将意味着运动的运动、生成的生成或变化的变化，这是不可能的；[③]在时间范畴下也没有运动，因为时间本身就是对运动的量度。"既然实体、关系、作用和承受都不能有运动，那么剩下来就只有在质、量和位置方面有运动了，因为这三者都有一对相反者。"[④]接下来，亚里士多德对运动（κίνησις）进行了

---

①　Maier(1949)，p. 10.

②　Aristotle, *Physics* V，225^{b}6-8.

③　Aristotle, *Physics* V，225^{b}10-16.

④　Aristotle, *Physics* V，226^{a}25-26.

分类：

（1）质变（ἀλλωώσισ，*alteratio*）：质方面的运动。需要注意的是，这里所说的质只限于第三种类型的质，即可作用于感官的"影响的质"①。对于质变，最重要的情形就是强度（intensity）的增强（*intensio*）和减弱（*remissio*）。

（2）增大（αὔξησισ，*augmentatio*）和减小（φθίσισ，*diminutio*）：量方面的运动。趋于完满之量（complete magnitude）的运动叫做"增大"，从完满之量出发的相反的运动叫做"减小"。②

（3）位置运动（φορά，*motus localis*）：位置方面的运动。③ 亚里士多德认为这是最基本和最重要的运动。④

以上三种构成了亚里士多德所说的狭义运动的所有类型。有时亚里士多德还在广义上谈论运动，即任何从潜能存在到现实存在的"变化"（μεταβολή）。这时除以上三种类型外，运动还将包括：

（4）生（γένεσισ，*generatio*）和灭（φθορά，*corruptio*）：实体方面的运动。⑤

---

① "发生质变的事物的质变都是它们在所谓的'影响的质'方面受影响。"（Aristotle，*Physics* VII，244ᵇ5-6）"任何发生质变的事物的质变都是由可感的原因引起的，也只有那些能被可感事物影响的事物才能发生质变。"（Aristotle，*Physics* VII，245ᵇ3-5）

② Aristotle，*Physics* V，226ᵃ29-31. 严格意义上的量变仅指生命体通过营养的摄取而产生的尺寸的变化，在这一过程中有外界质料的加入或内部质料的损失。不涉及质料的获得或损失的纯粹体积上的增减称为"稀疏"（*rarefactio*）和"聚缩"（*condensatio*），有时指广义的量变。参见 Maier（1982），p. 22。

③ Aristotle，*Physics* V，226ᵃ31-226ᵇ1.

④ Aristotle，*Physics* IV，208ᵃ31.

⑤ Aristotle，*Physics* III，200ᵇ34-35.

前三种运动都属于偶性的变化，需要一个过程，不可能瞬时完成；而最后一种运动则属于本质的变化，是瞬时完成的，在中世纪被称为"嬗变"(*mutatio*)。

位置运动要比其他种类的运动更加基本，这是因为位置运动构成了所有其他种类运动的基础。事物量的变化是由于物体本身各部分的添加或移除、膨胀或收缩；质和实体的变化也必然蕴含着导致变化产生的动因与发生变化的事物在空间上相接触。[①]而且，

> 除了位置运动之外，没有任何别的运动能是连续的。因为任何别的运动和变化都是从相反的一个端点到另一个端点，例如存在和不存在是生灭的两个端点，两个相反的影响是质变的端点，量的最大与最小、完满和不完满是增大减小的端点。[②]
>
> 位置运动是永恒的事物所能做的唯一的运动。[③]
>
> 位置运动在完满存在的秩序(order of complete being)中优先于所有其他运动形式。[④]
>
> 运动事物在位置运动中和在别的运动中情况相比丧失本性最少；位置运动是唯一不涉及存在变化——像质变中质的

---

① Dijksterhuis (1961)，p. 21.

② Aristotle，*Physics* VIII，260^{b}25.

③ Aristotle，*Physics* VIII，260^{b}30. 比如天体不会发生生灭、质变、量变，而只会发生位置运动。

④ Aristotle，*Physics* VIII，261^{a}13ff.

改变、增大和减小中量的改变等———的运动。①

不过，尽管位置运动具有如此优越的地位，但它仍然只是运动中的一种，而不是像原子论者和后来的机械论者所认为的唯一的运动形式，主张一切变化都可以归结为位置运动。位置运动不仅不像近代物理学中那样是一种状态，而且不能脱离质变、量变来讨论，因为亚里士多德所研究的变化首先是 $\kappa \iota \nu \eta \sigma \iota \varsigma$，而不是其中的一种———$\varphi o \rho \acute{a}$。②

需要注意的是，不同种类的运动之间是无法比较的。例如，不能说质变和位置运动是相等的，它们彼此之间没有哪个大些或小些的问题。③

二　中世纪对运动本性的不同看法

运动概念虽然是中世纪自然哲学的核心概念，但运动到底是什么，它在世界中的本体论地位如何，与亚里士多德体系中的诸范畴有何关系，却是一个极为复杂的问题。由于亚里士多德本人的论述比较模糊，而且不同文本的论述不尽一致，这使得后来的学者颇费心思。从以辛普里丘为代表的早期希腊评注者开始，一直到中世纪的阿维森纳、阿威罗伊、大阿尔伯特、阿奎那，再到中世纪晚期的奥卡姆、布里丹、奥雷姆，对运动本性的探讨从未中断过。这

---

① 　Aristotle, *Physics* VIII, 261ª20-25.
② 　Clavelin (1974), p. 9.
③ 　Aristotle, *Physics* VII, 248ª10-19.

最突出地表现在大阿尔伯特提出的所谓"流动的形式"(*forma fluens*, flowing form)与"形式的流动"(*fluxus formae*, flow of a form)这两种观点的争论上。虽然在伽利略之后,运动概念发生了巨大转变,对这个问题的讨论也随之销声匿迹,但理解它在中世纪的演变过程,可以更好地帮助我们理解中世纪自然哲学对质和运动的量化的思想背景。由于对这一问题的争论史过于复杂,这里只能对其主要发展线索作出扼要勾勒,讨论其中几位代表人物的观点。[①]

1. 问题的由来

中世纪的学者虽然普遍接受了亚里士多德对运动的定义,但对于运动的本体论地位却莫衷一是。这个问题源自亚里士多德本人对运动与各种范畴之间关系的探讨,特别是《物理学》第三卷中的一段文字:

> 并不存在一种超出事物[②]之外的运动。因为变化者改变的总是或为实体方面的,或为量方面的,或为质方面的,或为

---

① 关于这个问题的历史,最为权威和详尽的讨论可见于 Maier (1958), pp. 59-186 以及 Maier (1949), pp. 9-25。

② 这里的"事物"[(希) τὰ πράγματα, (英) things]并不是指发生变化的运动者或基体,而是"事物可能发生变化的方面"(亚里士多德已经在接下来的一句里指明),不过这种细微差别在中世纪的拉丁文翻译中并没有体现出来。拉丁文把 τὰ πράγματα 译为 *res*,整句话译为 *Non est autem motus preter res*。参见 Grant (1974), p. 228, n. 2。我们在后面将会看到,这一点对关于运动本性看法的历史发展(比如奥卡姆的观点)有重要影响。

位置方面的变化。但依照我们的看法,要想发现这些事物所共有的东西,而既非实体、又非量、又非质或其他这样的范畴,这是不可能的。因此,除上述事物外不会有任何运动和变化,因为除上述事物外再无任何存在。①

亚里士多德的意思是说,运动属于实体、量、质、位置等范畴,而不属于一个超出十大范畴的特殊范畴。然而,亚里士多德在不同著作中对运动所属范畴的论述是不一致的。比如在《物理学》第五卷中,他把实体范畴排除在外,把运动纳入量、质和位置三个范畴:

> 既然范畴分为:实体、质、位置、时间、关系、量、作用和承受,那么就必然有三类运动——质方面的运动、量方面的运动和位置方面的运动。②

在《范畴篇》中,亚里士多德又以"加热"为例,暗示运动属于作用或承受的范畴:

> 作用和承受两者都容许有相反者,也容许有程度的不同。加热是冷却的相反者,被加热是被冷却的相反者,觉得愉快是觉得苦恼的相反者。所以它们是容许有相反者的。它们也容

---

① Aristotle，*Physics* III，200^{b}32-201^{a}3.
② Aristotle，*Physics* V，225^{b}6-8.

许有程度的不同：因为可以多热些或少热些。由此可见，作用和承受也容许有程度的不同。[①]

而在《形而上学》第五卷中，亚里士多德似乎又认为，运动属于（连续）量的范畴：

> 在那些偶然为量的事物中……有些事物为量是根据运动和时间为量的方式；因为运动和时间之所以被称为量和连续的，是因为以运动和时间为其属性的事物是可分的。我这里所说的可分不是指运动的事物，而是指运动的事物所通过的距离；由于距离是量，所以运动也是量。由于距离是量，所以时间也是量。[②]

那么，运动到底是什么？运动本身属于什么范畴？它是一种与发生变化的事物不同的东西吗？像变红这样一种质变运动，它本质上与变红的事物或红的终态是同一种东西么？如果不是，它又是什么？简而言之，运动是等同于（或从属于）那四个或三个范畴，还是十大范畴之外的某种东西？对此，亚里士多德并未给出明确的回答。散见于亚氏著作各处的相关论述，要么不尽一致，要么语焉不详。

我们在下面将会看得更加清楚，问题的真正由来，在于亚里士

---

① Aristotle，*Categories*，11[b]1-8.
② Aristotle，*Metaphysics* V，1020[a]26-32.

多德物理学与逻辑学之间的矛盾和张力。亚里士多德的范畴理论描述的是存在(being)，而不是生成(becoming)，但是根据亚里士多德物理学，运动却是潜能的现实化，是一个趋向目标的过程，即"生成"。因此，试图用亚氏的范畴或谓词理论来处理他的这种目的论，总会遇到困难。

这个问题是中世纪经院自然哲学中最困难也最重要的问题之一，经院哲学家们往往独立于亚里士多德的定义提出自己对运动本体论地位的看法，然后再用这种看法来解释亚里士多德的定义。

2. 阿威罗伊的两种区分

经院哲学家对这个问题的讨论更多的是根据阿威罗伊对亚里士多德文本的评注，而不是亚里士多德著作本身。因此，有必要先来详细考察一下阿威罗伊对这个问题的相关论述。他作出了两种区分：

（1）更正确的观点和更著名的观点。阿威罗伊在对《物理学》第三卷那段话的评注中是这样来表述这个问题的：

> 关于这一点，我们的回答是，就运动与运动所趋向的"完满"(*perfectio*)①并没有什么不同而言，运动必然属于所谈及

---

① 许多中世纪的学者认为运动应当根据"潜能趋向于它所缺乏的完满"来理解，因为仅仅说运动是一种潜能趋向于运动的活动是平凡的。参见 Adams (1989)，p. 800。

的"完满"这个属（genus）[①]。因为运动只不过是它所趋向的"完满"的逐步产生（这种产生一直继续下去），直到"完满"被达到并且实际存在。于是，在实体方面发生的运动必然可以在实体的属中找到，在量方面发生的运动必然可以在量的属中找到，在位置和质方面发生的运动也是类似。然而，就运动是一个趋于"完满"的过程（*via*），并且与那个"完满"相区别而言，运动本身必然属于一个属。由于趋向一个事物的过程（*via ad rem*）并不等同于这个事物（*res*）。考虑到这一点，（运动作为一个过程）本身已经被规定为一种范畴。这种（处理问题的）方式是更著名的，而上面所谈的（处理我们问题的方式）是更正确的。因此，亚里士多德在《范畴篇》中介绍的是更著名的（*famosior*）看法，在这本书（指《物理学》）中介绍的是更正确的（*verior*）看法。[②]

由此我们看到，阿威罗伊提出了两种观点：一种观点认为，运动只是它所趋向的目标或"完满"的逐步产生。运动与运动所趋向的"完满"或目标同属一个范畴，在任一时刻，运动与运动的目标只有实现程度的差别，而没有本质区别。这属于更正确的看法，可见于亚里士多德的《物理学》。另一种观点认为，运动是一个朝向某

---

① 这里的"属"即"范畴"。

② Averroes, *Commentary on the Physics*, bk. 3, comment. 4. 转引自 Grant (1974), pp. 229-230, n. 11. 亦参见 Maier (1949), p. 12.

个目标或"完满"的过程,运动作为过程与它所趋向的目标是不同的,运动本身就是一个范畴,或者说属于承受的范畴。这属于更著名的看法,可见于亚里士多德的《范畴篇》。①

（2）根据质料来看运动和根据形式来看运动。在对《物理学》第五卷的评注中,阿威罗伊就运动的本性又以另一种方式表达了同样的区别。如我们所知,在这一卷中,亚里士多德把实体范畴排除在外,只把运动纳入量、质和位置三个范畴。

> ……根据这种方式,就运动的质料来考虑,运动就属于运动所趋向的属。但是就运动是一种形式而论,必须断定运动本身就是一种范畴,这就是亚里士多德在《范畴篇》中考虑运动的方式。因此,运动可以以两种方式来考虑,因为根据质料（*secundum materiam*）,它属于运动所趋向的属;而根据形式（*secundum formam*）,即就运动是与时间相联系的②变化而言,运动属于承受的范畴。③

阿威罗伊在这种区分里没有再提及哪一种看法更著名,哪一种看法更正确,也没有进一步解释他所说的运动的质料和形式应当如何来理解,但至少他的意思很清楚:第三卷中更正确的看法对

---

① 　Maier（1958）, pp. 63-64.

② 　即"在时间中完成的"。

③ 　Averroes, *Commentary on the Physics*, bk. 5, comment. 9. 转引自 Maier（1958）, pp. 65-66。

应着第五卷的"根据质料来看",更著名的看法对应着第五卷的"根据形式来看"。

由此我们可以看到,无论使用哪种方式,阿威罗伊都是为了表述我们前面提到的那个基本问题,即运动到底是等同于(或从属于)某个范畴,还是范畴以外的某种东西?

3．大阿尔伯特:"流动的形式"与"形式的流动"

阿威罗伊的这两种区分成为 13、14 世纪关于运动本性的讨论的基础。在这些后续讨论中,阿威罗伊的区分被表述成了著名的"流动的形式"(*forma fluens*,flowing form)与"形式的流动"(*fluxus formae*,flow of a form)之区别。中世纪学者所说的形式,往往指偶性。流动的形式指变化中的偶性,形式的流动指偶性的变化。前者将运动等同于偶性(质、量、位置),后者则将运动视为不同于各个固定范畴的"流"。事实上,阿威罗伊本人并没有使用这两个术语。最先提出这个术语的是大阿尔伯特。他在对《物理学》第三卷的评注中问道:"运动是否处于以及如何处于范畴之中?"[1]接着,为了澄清阿威罗伊的看法,他试图列举亚里士多德的早期评注者关于这个问题的种种看法,并认为阿维森纳已经做过这样的工作:

> 但是由于阿威罗伊的解决方案含混不清而且相当可疑,所以在我们进一步探究它之前,让我们先来简略地谈谈亚里

---

[1]　Maier (1949),p. 11.

士多德派关于运动本性的所有其他观点；阿维森纳似乎在《物理学评注》(*Sufficientia*)①中谈及了这些观点。②

　　他明确地指出自己阐述的是阿维森纳的看法，但他实际上并未忠实于阿维森纳本人的观点，而是在其中加入了自己的理解。③在这种阐述过程中，大阿尔伯特提出了"流动的形式"和"形式的流动"的区分。这也就是为什么后来有的评注者会把这两个术语的区分归于阿威罗伊，有的归于阿维森纳，引起了一定的混乱。

　　大阿尔伯特提出，（根据阿维森纳的看法）运动可以从三个角度来考察：④

　　第一，[**观点 1**]如果从推动者的角度来看，运动就是作用(*actio*)的范畴。⑤

　　（大阿尔伯特认为，运动最多是施加作用的结果，而不是作用本身，所以这种理论是不正确的。）

　　第二，[**观点 2**]如果从被推动者或运动者的角度来看，运动就是承受(*passio*)的范畴。大阿尔伯特认为这就是亚里士多德在《范畴篇》所持的看法。

---

① 阿维森纳的《物理学评注》的拉丁语译名为 *Sufficientia*。

② 转引自 Maier (1949)，p. 12，n. 10。

③ 关于阿维森纳本来的意思和大阿尔伯特对它的可能的曲解，参见 Mcginnis (2006)，pp. 189-205。

④ 对以下这五种理论的概括主要参考了 Maier (1949)，pp. 12-14。

⑤ 阿维森纳没有说，"运动属于作用的范畴"或"运动落在作用的范畴之下"，而是说，"运动就是作用的范畴"。下面的"承受"范畴也是如此。参见 Maier (1958)，p. 70。

（大阿尔伯特认为,虽然一切运动都预设了推动者的作用,所以也许可以说"运动中存在着承受",但这并不意味着"运动就是承受"。因此,这种理论也是不正确的。）

第三,如果从运动目标(*finis et terminus motus*)——即运动者在趋向其最终目标过程中相继获得的阶段性目标——的角度来看,运动似乎就是"某种趋向运动目标的东西的流动"(*fluxus alicuius entis in id quod est terminus motus*)。于是,变黑(*nigrescere*)的过程就是一种"朝向黑的流动"(*fluxus in nigredinem*),位置运动就是一种"朝向一个位置的流动"(*fluxus ubi*)。

他又说,采取第三种角度的人又可以分为两类:

第一,[**观点 3**]有些人主张这种流动与运动终止时的目标的种或本质(*differentia specifica sive per essentiam*)没有什么不同,只是在存在方式(*secundum esse*)上有所不同:运动代表"流动中的存在"(*esse in fluxu*),而最终的目标代表"静止中的存在"(*esse in quiete*)。于是,变黑的过程(*nigrescere*)本身就是一种黑(*nigredo*),只不过这种黑是一种"流动中的黑"(*nigredo in fluxu*),而不是最终获得的一种"静止中的黑"(*nigredo in quiete*)。因此,根据亚里士多德对运动的分类,运动属于量、质或位置范畴。

（**大阿尔伯特把这种观点称为"流动的形式"**,并认为这就是阿威罗伊所持的观点。）

第二,另一些人主张运动属于一个与它所要达到的目标不同的范畴。运动是一种独立的流动(*fluxus*),而不等同于流动中的形式(*forma in fluxu*)或流动着的东西(*ens fluens*)。这种"流动"又可以通过两种方式来理解：

[**观点 4**]一是有些人主张运动不属于任何一个已知范畴,而只是"趋向范畴结果的途径"(*via ad rem praedicamenti*)或"趋向范畴结果的开始"(*principium ad rem praedicamenti*)。运动是某种类型的不完满,因为它并未完全拥有一个目标,而只是实现这一目标的途径。因此严格说来,运动并不是一种完全存在的东西。变黑作为途径,是某种本质上与黑(*nigredo*)不同的东西。由于范畴只适用于存在的东西,所以运动本身既不属于亚里士多德十大范畴中的任何一种,也不能进行范畴归类,因为它只是通往某个范畴的途径。

（**大阿尔伯特把这种观点称为"形式的流动"**,并认为这就是阿维森纳所持的观点。）

[**观点 5**]二是,有些人主张运动本身就是一个范畴(*motus est praedicamentum per se*),可以用来谓述所有种类的运动,即运动是亚里士多德十大范畴之外的一个新的范畴,可以将质的、量的和位置的三种不同种类的运动纳入"运动"这个种的概念之下。

（大阿尔伯特认为这种观点是不正确的[①],因为按照亚里士多德的观点,不同种类的运动之间并没有什么共通的东西,因此也就不能认为是同一个属下面的种。而且如果运动是一个和质、量、位置平级的范畴,那么它是不可能包含质的运动、量的运动和位置运

----

① Mcginnis (2006)，pp.189-205 认为,其实这种被大阿尔伯特拒斥的观点很可能才是阿维森纳本来的观点。

动的。)

大阿尔伯特接受的是阿威罗伊的"流动的形式"的解决方案。也就是说,"运动与它所获得的目标本质上相同。运动就是经由运动所获得的那种形式,但不是作为静止的形式,而是作为流动的形式。"[1]即运动就属于运动所发生的那个范畴,运动与运动所达到的目标本质上相同,区别仅仅在于存在方式上。运动是一种"流动中的存在",最终的目标则是一种"静止中的存在"。

但大阿尔伯特并没有完全否定阿维森纳的"形式的流动"的解决方案。因为"运动由于其不完满性,不是存在(*ens*),而是属于存在(*entis*)"[2]。从这个意义上讲,说运动不属于任何范畴,而只是趋向那个范畴的途径,并非完全错误。

"流动的形式"和"形式的流动"这两种观念很难解释清楚,而且很难说代表了两种截然相反的观点,有时甚至一方可以用于支持另一方,以致连经院学者有时都会混淆。[3] 它们之所以往往会产生误导,是因为它们会造成这样一种印象,即形式(如"黑")可以是某种可变的东西。但这包含着一种矛盾,因为根据经院哲学概念,"形式"被认为本质上是单纯的和不可变的,就像柏拉图的理念或亚里士多德概念中的数一样。

不仅如此,这里更深层的问题也许在于,经院—亚里士多德哲

---

① Maier (1949), p. 15. 这段话的原文是:*motus und terminus motus sind wesensgleich, die Bewegung ist die Form, die durch sie erreicht wird, aber eben nicht als forma quiescens, sondern als forma fluens*。

② Maier (1949), p. 15. 这段话的原文是:*motus autem propter sui imperfectionem non est ens proprie loquendo, sed est entis*。

③ Dijksterhuis (1961), p. 174.

学无法用它的范畴体系来把握动态的、相继的现象。[1] 例如,如果一个东西是红的,那么在它是红的的任何一个瞬间,它都应当具有红这种形式,因为红这种形式解释了物体为什么是红的。类似地,如果运动本身就是一个范畴,那么运动的物体在运动的每一瞬间,就都必须具有运动这种形式。而这就意味着,原本需要一段时间来完成的运动,现在一瞬间就可完成了。而这显然是荒谬的。这也许就是大阿尔伯特拒绝把运动本身当成一个范畴(如观点5)的深层原因。

4. 奥卡姆的极端唯名论看法

到了中世纪晚期,大阿尔伯特对运动本性问题的"流动的形式"解答一直是经院哲学的标准解决方案。经院学者思考的不仅是运动的开始和停止,而且也包括整个中间阶段。由于运动的相继性(瞬间完成的实体运动即"嬗变"不在考虑之内),运动就等同于运动相继达到的目标。在每一特定的时刻,运动就等同于在那个时刻所达到的目标。就位置运动而言,把运动定义为"流动的形式"就意味着把运动等同于运动者所占据的一切位置,我们只需假定运动物体及其相继占据的不同位置就可以了。于是,运动的本体论定义只需要运动者、运动目标(对于位置运动来说是占据的一系列位置)和目标相继获得这一事实。[2] 到了14世纪,几乎所有人都通过运动者及其在每一瞬间获得的位置、质或量来讨论运动

---

①　Maier (1949), p. 16.
②　Maier (1949), p. 17.

了。牛津计算者均持这样的看法。[①]

事实上,这也正是奥卡姆对运动本性的看法,它与传统的"流动的形式"看法并没有什么本质区别。他认为,运动只不过是一种"流动的形式",最终的形式或目标代表着整个运动,它以某种方式包含着过程中所获得的种种形式。奥卡姆认为,阿威罗伊之所以作出区分,不是为了以两种互补的方式看待运动,而是在为"更真实的"运动观点做辩护,认为那种"更著名的"观点是错误的:

> 首先必须认识到,当评注者(指阿威罗伊)在那段话中对运动作出区分时,就事物的真理而言,他并不是说运动真的可以通过两种方式来考虑……因为运动绝非这种迥然不同的东西。他实际上是想说,有两种关于运动的观点,著名的那种是错的,另一种是对的。[②]

他解释说,亚里士多德之所以会在《范畴篇》中以"被加热"为例,暗示运动属于承受的范畴,是因为亚里士多德在间接处理一个给定主题的时候,可以把"更著名的"观点当作例子,无论这种观点是对是错。[③]

奥卡姆对运动的看法之所以如此著名和具有革命性,在于他把唯名论和"奥卡姆的剃刀"原则运用到了传统的运动概念之中,得出了极端的结论。在奥卡姆之前,虽然关于运动本性出现了众

---

① Sylla (1970),p. 277.
② Ockham,*In Physicam*,III,cap. 2 § 7. 转引自 Adams (1989),p. 803。
③ Adams (1989),p. 804.

多不同的观点,但它们几乎都认为,至少运动不同于发生变化的物体。正是相对于这一点,奥卡姆对问题的分析才显得独特而极端。[①] 我们前面说过,亚里士多德在《物理学》第三卷中说:"并不存在一种超出事物之外的运动。"[②]这里亚里士多德的意思是说,运动并不是一个超出十大范畴的一个特殊的范畴。但在奥卡姆看来,这句话却意味着,运动并非一种与运动者不同的实在[③],而只是一种言说个体的方式。

奥卡姆认为,运动等抽象名词错误地致使许多学者想当然地认为,就像存在着不同的抽象名词一样,也存在着对应于它们的不同事物。他把运动归结为个别的、具体的事物。

> 因此,运动并非与持存事物完全不同的东西。因为本来能用较少的事物获得的东西却用较多的事物来获得,这是徒劳无益的。我们不必诉诸任何这样的(单独存在的)东西就可以保留运动和关于运动的一切说法。因此,设定这样一种东西是多余的。[④]

为了理解位置运动,我们只需要运动者及其相继占据的位置:

---

① 这种唯名论的观点经常被(有些误导地)表述成"运动就是运动者"(*motus est mobile quod movetur*)。

② Aristotle, *Physics* III, 200^{b}34.

③ 这也许是因为中世纪的拉丁文翻译中没有表达出亚里士多德的原意。

④ Grant (1974), p. 232.

除了物体和位置,再不需要其他什么东西了。我们需要的只是,物体先是处在一个位置,然后处在另一个位置,就这样相继地进行下去,从而物体在整个(运动的)时间里从未在任何位置静止。①

如果运动就等同于运动相继达到的目标,那么运动概念并不对应于什么实在的东西。"运动"仅仅是一个词项,在我们的心灵之外并没有一种实在对应于"运动"。就位置运动而言,

运动的本性可以通过这样一个事实来解释,那就是一个物体相继占据不同的位置,并且不在任何一个位置静止。②

奥卡姆对当时运动观点的批判很好地说明了他的一个信念,那就是科学是关于概念的,而不是关于事物的。科学固有的研究对象是命题和构成命题的词项。意义和命题的真假不必假设词项指代的事物的存在就可以确定。正如一位哲学史家所说:

科学的对象并不是直接被认识的事物本身,而是代表事物的概念,它们是一些词项,用来代表概念的所指。构成科学主题的都是命题,而不是事物,因为只有命题才可以说能够真正被理解……只有在命题的词项代表着个体事物这个意义

---

① Grant (1974), p. 232. 这里是就位置运动而言,奥卡姆随后证明了其他类型的运动也是如此。

② Grant (1974), p. 233.

上，才可以说科学是关于个体事物的。更确切地说，科学不是关于个体事物的，而是关于代表着个体的共相（*de universalibus pro individuis*）。[1]

奥卡姆采用的这种通过命题和词项来探讨科学或哲学问题的分析性方法一般称为"新方法"（*via moderna*）或"新逻辑"（*logica moderna*），以区别于把思想建立在亚里士多德的《范畴篇》《解释篇》等著作之上、持实在论立场的"旧方法"（*via antiqua*）或"旧逻辑"（*logica antiqua*）。[2]

亚里士多德在《后分析篇》中说，科学讨论的是普遍必然的东西。奥卡姆将亚里士多德的这种说法解释成，科学研究的是某些带有一般（普遍）词项的命题，正是在这个意义上，科学的对象才是普遍的。然而，这并不意味着在奥卡姆那里，科学知识不能超越语言的层次而达到实际事物，因为奥卡姆区分了"认知"（*scire*）[3]的两种含义。①认知一个命题或命题中的一个词项。正是在这个意义上，科学的对象是普遍的，这正是亚里士多德所说的意思。②认

---

① 　Randall（1962），p. 39.

② 　"旧逻辑"主要依据的是亚里士多德的《范畴篇》和《解释篇》，"新逻辑"则主要依据 1128 年后出现的亚里士多德的《前分析篇》《后分析篇》《论题篇》和《辩谬篇》。参见哈斯金斯（2008），第 224 页。"新逻辑"产生于 13 世纪的巴黎大学，其早期重要著作是威廉·希雷斯伍德（William of Shyreswood）的《逻辑导论》（*Inductiones in Logicam*），后来被看成西班牙的彼得（Peter of Spain）的《逻辑大全》（*Summulae logicales*）中的"小逻辑"（*Parva logicalia*）部分。到了 14 世纪，"新逻辑"已经成为第一年逻辑学标准课程的一部分。

③ 　"科学"（science）源于拉丁语名词"知识"（*scientia*），后者又源于拉丁语动词"认知"（*scire*）。

知命题是关于什么的,它的词项所指代的是什么。在这种意义上,我们所认知的东西在形而上学上总是个体的,因为对奥卡姆而言,不存在任何其他东西。这并不是亚里士多德所说的意思。[①]

在奥卡姆看来,哲学和科学中的大部分谬误都源于两个基本错误:①认为科学是关于事物的,这导致了对普遍词项和普遍本质的无果的寻求;②认为每一个词项都有某种东西对应于它,这导致了对多余实体的设定。[②]

在 1277 年大谴责之后,判断两种事物之间实际区分的一个广泛使用的标准就是,上帝能否不依靠这一事物创造出另一事物。[③]对奥卡姆而言,哪些东西实际存在,这个问题就相当于区分"绝对的事物"(*res absoluta*)和相对的或"涵指的(connotative)事物"。所谓"绝对的事物",即奥卡姆所说的"持存的事物"(*res permanens*)[④],就是所有部分能够同时存在的事物;而"涵指的事物"则其实不是事物,而是一种认识事物或谈论事物的方式。在奥卡姆看来,"绝对的事物"只有两种——实体和质。[⑤]他说:"除了

---

① 参见 Standford 哲学百科全书中的"William of Ockham"词条:http://plato.stanford.edu/entries/ockham。

② Goddu (2001),p. 213.

③ Sylla (1970),p. 186.

④ *permanens* 源自拉丁语动词 *permaneo*(意为"保持""持续"),指各个部分可以同时存在,与之相对的是"在时间中发生的",所以宜译为"持存的",而不是按照其英文对应词 permanent 的含义译为"永恒的"。

⑤ 至于为什么量不属于"绝对的事物",可能与神学中的圣餐学说有关。根据这一学说,全能的上帝能够将物质的广度减小到零,甚至把宇宙的所有部分压缩到一个点,使得这些不同部分虽然仍然处于某个位置,但在空间上没有任何广度。因此,奥卡姆主张,"量"或空间中的广度不可能是一个与实体或质不同的"绝对的事物"。参见 Kretzmann (1988),pp. 531-532。

绝对的事物,即实体和质,没有东西是可以想象的,无论是现实的还是潜在的。"①因此,只有个体实体和内在于实体中的质(如颜色、热、形状、重量)才是"绝对的事物"。亚里士多德的其他八个范畴都只是理解它们或言说它们的方式,都可以以某种方式归结于个别实体和质,即不同的、分离的东西。比如说,像"相似性"这样一种"关系"指的是两种事物共同具有的某种东西,这种东西使它们彼此相似,而不是说有一种"相似性"本身内在于它们之中。

运动就是这样一种"涵指的事物"。要想揭示运动的本性,就需要把包含"运动"的任何命题归结为一个只包含绝对词项的命题。在建立关于运动本性的学说时,奥卡姆考虑的正是这种逻辑还原。② 要想对运动作出解释,我们只需个别的运动者、位置或质,因为任何有"运动"这个抽象词项出现的关于运动的命题都可以归结为另一个或另一组命题,后者仅仅包含指称个别具体事物的绝对词项。这就是我们用来充分解释运动所需的全部。"运动"这个词是为了表达的优雅或简洁才使用的,而不是出于必需。例如,"任何运动都源于一个作用者"可以归结为"每一样运动的事物,都是被一个作用者推动的",其中第一个命题中的抽象的"运动"被替换成了第二个命题中的"每一样运动的事物",它只能指个别的东西:

　　"变化"这个名词并不像"人""驴子"或"白色"那样指某一

---

① 　奥卡姆(2006),第 144 页。
② 　Grant (1974), p. 229.

绝对的事物,而是①有时为了修饰措辞……②有时为了简洁,正如"每一种变化都源于一个作用者"就等价于"每一种发生变化的东西都是被某一作用者改变的。"①

"时间"也和"运动"一样:

> "运动在时间中存在"应该被解释成"当某个东西运动时,它并不是同时获得或失去所有它所获得或失去的东西,而是一部分一部分地获得或失去"。于是很清楚,像"运动"和"时间"这样的抽象名词被发明出来是为了简洁……类似地,"运动存在于运动的事物中"应当被解释成"运动的事物获得或失去了某种东西。"②

5. 布里丹对位置运动的进一步分析

奥卡姆的观点更多地为14世纪的自然哲学家所拒斥,而不是接受。它的影响主要体现在它所激起的反对意见上。主要原因在于,"运动"并非只是指实体、量、质或位置,它也蕴含着这种目标的相继获得。正是由于这个原因,在某些人看来,认为运动只不过是运动者和它所达到的目标或形式,这是不正确的,因为这种"流动的形式"观念无法解释运动者与这些目标的关系,特别是无法解释

---

① Grant (1974), p. 231.

② Grant (1974), p. 234.

这种关系的"相继性"。问题在于,一种仅仅包含个体持存事物的简约的本体论是否足以解释运动,是否还有必要假定其他某种东西。运动是否是某种真实存在的"形式的流动",它与运动者及其相继达到的目标是否不同?

　　这里我们主要谈谈巴黎唯名论者布里丹对奥卡姆学说的反驳和发展。奥卡姆认为,假定任何与个体具体事物不同的运动是多余的。就质变而言,布里丹和当时的许多评注者一样,也持这种"流动的形式"看法。他在《物理学》评注中先是提出了一个问题:"是否只要存在质变,就必然存在一种不同于质变者和这种质的流动?"然后回答说:"在像加热这样的实际的质变中,不存在与相继获得的热不同的流动,相继失去的冷也是一样。反之亦然。"① 也就是说,在质变的情况下,运动的本性就是"流动的形式",本质上就是一种质。除了运动者和不断变化的质之外,不需要再假定另一种与此不同的流动。对于质变,布里丹与奥卡姆的观点完全一致。

　　但奥卡姆认为位置运动也是如此。他认为,就像一个事物发生质变就是相继获得或失去这种质的形式一样,一个事物作位置运动也就是它相继处于不同的位置。然而,布里丹等人却把位置运动与其他类型的运动区分开来,认为位置运动的目标并不是内在于运动者的一种"完满",而是一种外在的倾向。位置运动和它的目标不可能一致,因为"运动作为属性处于运动者之中,位置却

――――――――――――――

① Jean Buridan, *Quaestiones super octo libros Physicorum* (Paris, 1509),转引自 Maier (1958), p. 118。

不是这样"(*motus est subiective in mobile*, *locus autem non*)。^①
位置运动是运动者实际包含的一种偶性,就像颜色内在于有色物
体中一样,它是一种流动(*fluxus*),一种纯粹相继的事物(*res pure
successiva*)^②,不同于位置和运动物体。于是,位置运动并非可以
还原为运动者和运动目标,而是运动物体的一种特殊类型的状态,
不属于任何已知的范畴。位置运动的每一个瞬间都对应着一个不
同的形式,这些形式既不是运动目标的一部分,也不包含在运动目
标之中,这些形式中没有一个能够代表整个运动。

在对亚里士多德《物理学》的评注中,布里丹通过一个在 13 世
纪就已经引起广泛讨论的神学问题来说明这一观点。这个问题就
是最外层天球即第八层天球的运动问题。根据亚里士多德的位置
(处所)理论,一个物体的位置就是包围它的东西的不动的内表
面。^③ 而最外层天球之外没有任何东西来包围它,所以最外层天
球没有位置,天球的旋转运动显然不能被解释成相继占据位置。
不仅如此,在 1277 年"大谴责"之后,由于上帝的全能,完全可以设
想上帝沿直线移动整个宇宙,因为这种行为并不违反矛盾律。如
果直线运动被看作相对于位置的运动,那么要让整个宇宙沿直线
运动似乎是不可能的,除非上帝能够一边移动,一边创造位置。但
这样一来,又会与强调上帝全能的"大谴责"的精神相左。按照布
里丹的理解,"即使不存在位置,上帝也能移动整个宇宙(*Ergo*

---

① Maier(1949),p. 20.
② 所谓"相继的事物",是指不同部分必须在不同时间存在的事物。
③ Aristotle, *Physics* IV, 212ª20-21.

posset totum mundum movere licet non sit locus)"①。如果是这样,那么整个宇宙的直线运动就不能根据它相继处于不同位置来解释了,因为在这种情况下根本就无位置可言。

布里丹的解决方案是采取一种较为广义的"形式的流动"的运动观念。如果运动不只是运动物体及其相继占据的位置,而是运动物体的一种与质类似的属性,那么宇宙即使在没有位置的情况下也可以拥有这一属性。这样,困难也就部分得到了解决。在布里丹看来,运动是内在于运动者的一种变化着的或相继的质,无法归结为其他范畴,而只能就其自身的特性来断定。这种观念在 14世纪后半叶的自然哲学家中相当流行,萨克森的阿尔伯特、奥雷姆等巴黎学者基本都持布里丹的这种观点。②

6. 理解运动本性的意义:运动作为一种质

在关于运动本性的争论中,大阿尔伯特之后的中世纪学者大体可以分为两派——唯名论者和实在论者。奥卡姆等唯名论者持"流动的形式"观点,他们否认位置运动的实在性,将它仅仅等同于物体所走过的距离,否认运动的产生或连续性有任何特殊的因果性。这种观点激励了对运动进行纯粹运动学的分析;而伯利等实在论者则捍卫"形式的流动"观点,认为位置运动是一种迥异于运动者及其位置的东西,因此有其自身的原因和结果。这种观点激励了对运动进行动力学分析。

---

①　Maier (1958), p. 122.

②　Lindberg (1978), p. 218.

　　布里丹虽然被认为是巴黎唯名论的领袖人物,但在位置运动问题上的看法却与实在论者接近。其带有"形式的流动"特征的看法暗示,位置运动绝不仅仅是一个词,而是一种实在的东西。它与运动者不同,但又内在于运动者。运动最接近于一种质,或者某种能够当作质来处理的东西。"至少在一定程度上,14 世纪的力学乃是基于这样一种信念(此信念是通过拒绝奥卡姆学说产生出来的),即位置运动是运动者的一种实在的、绝对的、类似于形式的偶性,其特征在很大程度上被认为与可感的质的特征类似。"① 布里丹虽然没有明言,但 14 世纪末已经有学者明确指出:"位置运动是作为属性内在于运动者之中的程度可以增强和减弱的质(*Motus localis est qualitas gradualis*, *intensibilis et remissibilis*, *mobile inhaerens subiective*)。"这代表着巴黎学派对运动本性的标准看法。② 运动作为内在于运动物体的一种偶性,可以有不同的强度,即可以增强和减弱。如何来理解运动,这是晚期经院自然哲学与经典物理学相区别的最重要的因素之一。

　　如果 14 世纪的经院哲学家能够沿着巴黎唯名论的方向再前进一步,兴许是能够得出某种类似于近代惯性定律的结论的。③ 传统观点和奥卡姆都认为,运动必须有一个推动者,没有它运动就会立即停止。但是如果像布里丹那样把位置运动理解成内在于运

---

　　① 　Maier (1955), p. 354.

　　② 　这句话出自意大利学者帕尔玛的布拉修斯(Blasius of Parma,约 1345—1416)之口。参见 Maier (1958), p. 147.

　　③ 　这里给出的只是科学史家迈尔的观点,不少学者对此有不同的看法。在此不作细究。

动者的一种与质相似的流动的状态,而不是一个相继的过程,那么就有可能把运动设想成运动物体的一种独立的属性,一旦被赋予物体,就可以自行持续存在下去,而并不需要一种持续作用的推动力来维持。但 14 世纪的经院哲学家们最终没有迈出这一步。因为对他们而言,一切运动事物都是被其他事物推动的(*omne quod movetur ab aliquot movetur*),这是自明的。任何运动都预设了一种推动力作为原因,推动力消失,运动就消失。位置运动仅仅是一种由外界引起的过程,而不是运动物体本身的一种可以自行保持的状态。[①] 不过,也正是这种运动理论,才使得 14 世纪物理学与近代物理学有根本不同。

　　与本书内容关系最密切的是,这种运动与质之间的类比对速度的概念分析产生了影响。因为如果把运动当成一种质,瞬时速度就可以被合理地看成运动的强度,速度的增大或减小可以看成运动强度的增强(*intensio*)和减弱(*remissio*)。我们在后面将会看到,正是由于位置运动与质的这种对应,巴黎学者奥雷姆才可以用同一图形表示运动的速度或质的强度;而在牛津学者看来,运动并不是内在于物体的一种质。不过,他们总是把质变与位置运动相类比,把质变过程中某一瞬间的质的强度与位置运动中某一瞬间的速度相类比。这种分歧,使得牛津学派与巴黎学派在运动的量化方面走上了不完全相同的发展道路。

[①]　Maier (1958), p. 131; Maier (1955), p. 362.

第三章 质的量化的序幕：
质的强度变化问题

　　根据亚里士多德的范畴学说，质与量是非常不同的范畴，在量的大小与质的强度之间存在着一种本质性的深刻区别。任何量都可以通过同一类型的较小的量的相加而得到，这些较小的量构成了它的部分。而质却并非如此，强度较弱的质并不构成强度更强的质的一部分。也就是说，质的范畴并不涉及相加的概念。[①] 我们不能通过增加同一种质来增加这种质的强度：温水加温水得不到热水，把若干个同样白的物体放在一起不能使物体更白，把几个粗糙的表面组合起来得不到光滑的表面，许多个傻瓜一起工作也生不成智慧。

　　有鉴于此，经院自然哲学家在量的增大（*augmentatio*）或减小（*diminutio*）与质的增强（*intensio*）或减弱（*remissio*）之间作了一个重要的区分。比如，因外界物质加入而引起的物体体积的增加，或者两个量合为一个更大的量，这属于量的增大；而物体变热、颜色变深或者人变得更勇敢，这属于质的增强。由于质属于一种偶性形式，经院哲学家一般在"形式的增强和减弱"（*intensio et*

---

　　① 　Duhem (1980)，p. 2.

remissio formarum）的名义下讨论质的强度变化问题。

一 问题的提出

亚里士多德承认,经验中的事物可以表现出比它以前更大或更小程度的某种质,不论是像白这样的可感的质,还是像正义和健康这样的抽象的质。[①] 事实上,质竟然会有程度变化和程度差别,而不会变成另一种质,这在概念上就包含着困难,它对于经院哲学来说几乎是无法解决的,因为一种质(形式)本身在它的所有具体个例中都应当保持不变。[②] 科学史家迈尔在研究这个问题时说:

> 形式的增强减弱问题在经院哲学中被一再讨论。某些形式可以发生增强或减弱,同时不变成其他种类的形式,这一现象与形式的不变性原则相抵触。这便是出发点,在增强和减弱时,(形式的)种保持不变。问题在于,如何解释这样一种变化的可能性以及它是如何发生的。如果是属之内的变化或程度差别,种未被保持,则不在这个问题考虑之列;这一点一再

[①] Aristotle, *Categories*, 10^{b}26-29.

[②] 里米尼的格里高利(Gregory of Rimini)曾经在 *Lectura* I d. 17 q. 2 中说:“恰当地说,任何形式既不能在强度的意义上增加,也不能在广度的意义上增加,正如理性已经充分证明地那样,既不能增大,也不能减小……因为形式,比如白,并不比起初更是白。”(*secundum proprietatem sermonis loquendo nulla forma augmentatur nec intensive nec extensive, sicut satis bene probat ratio, nec etiam suscipit magis et minus… quoniam forma, verbi gratia albedo, non fit magis albedo quam fuit prius*) 转引自 Funkenstein (1986), p. 308, n. 32。

被强调。因此,在这种背景下不予讨论的有,理智灵魂要比感觉灵魂更完美;或者一个颜色的种变成另一个颜色的种,比如一个东西由红色变为黄色。而如果一个东西由热变得更热,种是保持不变的:这一形式发生了真正意义上的增强。[①]

也就是说,在发生质的强度变化时,形式的种应当保持不变。虽然热与更强的热在种上是相同的,但不同的颜色却构成了不同的种。根据亚里士多德形而上学的前提,在种上保持不变的形式实际上是不可能发生变化的,因为形式是单纯不变的本质(*Forma est semplici et invariabili essentia*)。[②] 形式就像数,任何变化都会改变它的种。[③] 亚里士多德所说的形式其实就是个体化了的柏拉图的理念,"红"这个理念是完美的、纯粹的、不可能发生变化的。对于本质形式(substantiale Formen)而言,强度差别自然是不可能的,比如一个人并不比另一个人更是人。但对于偶性形式(akzidentelle Formen)即质而言,强度的差别却是不可否认的。[④]那么,这种质的增强和减弱在本体论上应当如何来解释? 在质变

---

① Maier(1968a),pp. 3-4.

② 这句话是 Gilbertus Porretanus 的《六原理书》(*Liber sex Principiorum*)的开篇。参见 Maier (1968a),p. 11。《六原理书》是 12 世纪的一部逻辑学著作,常被托名亚里士多德所作。它常常充当《范畴篇》的附录,参见 Glick, Thomas F. et al. (2005),p. 423。

③ Aristotle, *Metaphysics* VII, 1044[a]9-10.

④ Maier (1955),p. 343.

过程中,发生变化的到底是什么?[①]

对于这个问题,亚里士多德承认有不同的看法,而没有作出选择:

> 有人也许会质疑,一种正义是否能被称为比另一种正义更是正义……在这里,有些人持不同意见。他们完全否认,一种正义能被称为比另一种正义更是正义,或者一种健康能被称为比另一种健康更是健康,虽然他们说,一个人要比另一个人较少具有健康,较少具有正义……无论如何,不容置疑的是,那些根据这些质而被言说的事物,容许有更多或更少(的质):一个人被称为比另一个人更长于语法、更健康、更正义等。[②]

虽然亚里士多德并没有给出最终的答案,但中世纪大都把亚里士多德的主张解释为,质本身不会发生强度变化,发生变化的是基体或物体对质的或多或少的分有(participation)。[③] 就像柏拉图认为的,"红"这个理念或形式本身并不会发生变化,之所以会有不同红色的物体,是因为物体以不同程度分有了"红"这个理念或形式。

这里的基本问题主要有两个。①在质变过程中,发生变化的到底是什么(secundum quid)? 这属于本体论问题。如承受强度

---

① 现代人也许很难理解质的增强和减弱为什么是一个问题,这大概是因为我们希望使像"更多的热"或"更少的热"这类说法精确化,只要使用仪器测量它的强度就可以了。而仪器已经把质转化成了量,所以我们与其说是解决了质的增强和减弱问题,不如说是成功地回避了它。参见 Shapiro (1959),p. 416,n. 5。

② Aristotle, *Categories*, 10^b30-11^a4.

③ 只有伯利等少数人指出,这种通常的解释是错误的。参见 Maier (1968a),p. 7。

变化的到底是什么？是抽象的质本身，还是具体的被赋予质的物体？当一个物体从白变成更白，从热变成更热的时候，发生变化的到底是什么？是白和热这两种质本身？还是基体对质的不同程度的分有？②这种变化是如何发生的（*quomodo*）？这属于物理问题。如果说质的增强是由于新的质附加到了原先的质上，那么它是如何同原先的质合而为一（*unum fieri*）的？原先的质是否还存在于基体之中？

二　神学背景：圣爱的变化问题

经院学者之所以重视质的强度变化问题，很重要的原因之一是它与一个特定的神学问题有关，即圣灵或圣爱（*caritas*）①是否有可能变化。12 世纪，在后来成为中世纪标准神学教科书的《箴

---

①　按照 6 世纪西班牙主教塞维利亚的伊西多尔（Isidore of Seville，约 560—636）在其《词源》（*Etymologiarvm sive Originvm*）中的解释："*caritas* 是一个希腊词，拉丁语解释为 *dilectio*（爱），指它把 *duo*（二者）*ligare*（结合）在一起。这是因为爱始于两种事物，即对上帝的爱和对邻人的爱。" 这句话的拉丁原文为：*Caritas Graece，Latine dilectio interpretatur，quod duos in se liget. Nam dilectio a duobus incipit，quod est amor Dei et Proximi.* "*caritas*"的英译为"love""charity"或"grace"，汉语也有人译为"爱""博爱"。我们这里译为"圣爱"。一个人可以比另一个人有更多的圣爱。圣灵可以理解为就是圣爱，按照伊西多尔的解释："圣灵可以称为圣爱，这或者因为圣灵天然地将自身与源于它的东西合为一体，并且显示为一体，或者因为它的目的就在于使我们在上帝之中，上帝在我们之中。" 这句话的拉丁原文为：*Spiritus sanctus inde proprie caritas nuncupatur，vel quia naturaliter eos，a quibus procedit，coniungit et se unum cum eis esse ostendit，vel quia in nobis id agit ut in Deo maneamus，et ipse in nobis.* 参见 Isidori Hispalensis Episcopi：*Etymologiarvm sive Originvm*，Libri XX，edited by W. M. Lindsay，1911，LIB. VII. iii. 18 和 LIB. VIII. ii. 6。所以隆巴德才会把圣爱和圣灵看成一回事。

言四书》(*Quatuor libri Sententiarum*)中,隆巴德在第 1 卷(第 17 区分,第 5 章)给出了这样的标题:

圣灵是否可能在人之中被增加,是否可能更多或更少地被拥有或赋予。①

隆巴德在这一章的开头问道:

这里问道,如果圣爱是圣灵,那么当圣爱在人之中增加和减少,并且在不同的季节被更多或更少地拥有时,是否必须承认,圣灵在人之中增加和减少,并且被更多或更少地拥有? 因为如果(圣灵)在人之中增加,并且被更多或更少地赋予和拥有,那么(圣灵)似乎是可变的;但上帝却是全然不可变的。因此似乎是,或者圣灵不是圣爱,或者圣爱不在人之中增加或减少。②

---

① 《箴言四书》(第 1 卷,第 17 区分)的拉丁语原文和英译可参见 http://www. franciscan—archive. org/lombardus/opera/ls1—17. html。这是圣方济会文献的官方网站,内容可靠。在第 17 区分的开头,隆巴德说:"圣灵就是圣爱,我们凭借它来爱上帝和邻人。"(*Quod Spiritus sanctus est caritas*, *qua diligimus Deum et proximum*.)正文这句标题的拉丁原文为:*Utrum Spiritus sanctus augeatur in homine vel minus et magis habeatur vel detur.*

② 这段话的拉丁语原文为:*Hic quaeritur*, *si caritas Spiritus sanctus est*, *cum ipsa augeatur et minuatur in homine et magis et minus per diversa tempora habeatur*, *utrum concedendum sit*, *quod Spiritus sanctus augeatur vel minuatur in homine et magis vel minus habeatur*. *Si enim in homine augetur et magis vel minus datur et habetur*, *mutabilis esse videtur*; *Deus autem omnino immutabilis est*. *Videtur ergo*, *quod vel Spiritus sanctus non sit caritas*, *vel caritas non augeatur vel minuatur in homine*. 出处同前引。

隆巴德给出的回答是,圣爱是不变的:

> 对此我们回答说,圣灵或圣爱本身是全然不可变的,其本身既不增加也不减少,既不获得更多也不获得更少,但是在人之中,或者毋宁说对人而言,(圣灵或圣爱本身)增加和减少,被更多或更少地被赋予和拥有。[①]

隆巴德说,圣爱不可能在人之中发生变化。神学家们一般认为,圣爱是一种不发生变化的精神性的东西,否则就会与上帝的不变性相抵触。个体可以通过不同程度地分有它而拥有更多或更少的圣爱。这种观点与人们认为的亚里士多德的观点一致:尽管正义保持不变,但人可以更多或更少地分有它,从而变得更正义或更不正义。

阿奎那之前的经院哲学并未把这一问题明确与可感的质的强度变化问题联系起来,但在阿奎那之后,这种联系就很常见了。[②]由于《箴言四书》是中世纪最重要的神学教科书,也是攻读神学学位必须要研究的书之一,所以讨论《箴言四书》的人必须要讨论强度的增强和减弱问题。[③]

---

① 这段话的拉丁语原文为:*His ita respondemus dicentes,quod Spiritus sanctus sive caritas penitus immutabilis est nec in se augetur vel minuitur nec in se recipit magis vel minus,sed in homine vel potius homini augetur et minuitur et magis vel minus datur vel habetur.* 出处同前引。

② Maier(1968a),p.13. 前托马斯哲学对这一问题的探讨参见 Maier(1968a),pp.16—22,主要人物有波纳文图拉、大阿尔伯特等。

③ Dijksterhuis(1961),p.186.

三　质变的本体论问题和物理问题

对于在质变过程中,发生变化的到底是什么这个问题,回答主要有两种:

(1) 质本身不会有强度变化,发生强度变化的原因在于被赋予质的物体(*quale*)以不同程度分有了质。用经院哲学术语来说,就是"根据基体的分有"(*secundum participationem subiecti*)。这种理论认为,像热和白这样的质本身都有一个确定的强度,不可能发生改变。之所以会有不同程度的热和白,是因为基体以不同程度分有了质。① 波菲利、辛普里丘、波埃修、波纳文图拉、阿奎那等人均持这种观点。② 比如在《神学大全》(*Summa theologica*)中,阿奎那就主张,质的强度增加起因于基体对某种不变的质的不同分有,而不是一部分形式加到另一部分形式。③

(2) 某些质本质上包含一种可能的变化范围,发生强度变化的原因在于质本身,而不在于基体。用经院哲学术语来说,就是"根据本质"(*secundum essentiam*)或"本质地"(*essentialiter*)。持这种看法的人试图使质与量这两个范畴之间达成某种妥协。它有各种不同形式④。

---

① Dijksterhuis (1961), pp. 186-187.

② Maier (1968a), pp. 9-26.

③ Thomas Aquinas, *Summa Theologica*, I-II, quaest. 52, art. 1,转引自 Clagett (1950), p. 132。阿奎那的学说参见 Duhem (1913—1959), vol. 7, pp. 482-486。

④ Maier (1968a), pp. 3-43; Wilson (1956), pp. 18-20.

　　古希腊的阿基塔斯（Archytas，前 428—前 350）认为，质本身之中就有某种不确定性，可以变得更强或更弱。到了 13 世纪，根特的亨利（Henry of Ghent）引入了质的强度可以在其中变化的"幅度"（*latitudo*）概念。在他看来，质的增强就是质趋近于某个端点（*terminus*），在那里质达到其最终的完满。彼得·奥利维（Petrus Johannis Olivi）等人则认为质的增强是通过质的本质部分（essential parts）的加入而实现的。[①]

　　根据邓斯·司各脱及其弟子的看法，每一种质都可以分为形式部分和质料部分。形式部分就是指，没有它就无法考虑该形式的东西，只要该形式还有所保留，它就存在；质料部分则是指物体相继具有的形式的值，比如相继具有的热度。司各脱主义者认为，质的增强和减弱正是相对于形式的质料部分发生的。[②] 也就是说，可变的是存在于某一个体之中的具体的质，而不是抽象的质本身。虽然抽象的形式或质本身是不允许增强和减弱的，但是如果进入某个个体之中，那么就会成为具体的个例。也就是说，能够发生增强和减弱的只有被赋予物体的具体的质，即质的特殊情形。这种进入个体之后的形式后来被称为 *formalitas*。打个比方来说，*formalitas* 之于形式，就像物体的影子之于物体，只不过在这里，实际存在的只是形式的"影子"，而 *formalitas* 这种"影子"是有一定的变化范围的。[③] 或者说，"形式的种"（*species formae*）有一定的变化范围或幅度，虽然抽象的形式本身不变，但形式却有存

①　关于"幅度"概念的发展，详见下一章。
②　Clavelin (1974)，p. 88.
③　Funkenstein (1986)，pp. 308-309.

在于一定范围内的各个种，它们可以分布于某一具体个体。[①]

　　试图弄清楚现象的本体论含义，这是 13 世纪经院哲学的典型特征。而到了 14 世纪，对质变问题的提问方式开始发生转变。按照奥卡姆的唯名论，只要能够说出发生了什么，并且能够恰当地作出描述，这就够了。奥卡姆首先问的不是质的增强和减弱是如何发生的，而是我们什么时候才能说某种质是"强的"或"弱的"。在奥卡姆看来，质变就等同于发生质变的物体和被赋予的各种质，颜色的变化可以归结为有色物体和它在变化过程中所具有的各种颜色。这样一来，什么是质的增强或减弱的承受者的问题就变得不再有意义。通过这样一种完全不同的看待事物的方式，13 世纪经院哲学所提出并为之绞尽脑汁的质变的本体论问题被认为是不真实的。它与其说得到了解决，不如说是被回避了。[②] 在奥卡姆唯名论的影响下，强度变化的本体论问题不再像以前那样受到关注，这时的讨论主要集中在对其作出物理因果解释，即质变是如何发生的。这里的争论主要在附加论和承继论之间展开：[③]

---

　　① 关于在质变过程中，变化的到底是什么这个问题，其实还可以补充第三种回答，即每一时刻旧的质消失，新的质产生。但由于这种回答与接下来谈的质变物理问题的承继论回答相一致，所以这里不再把它考虑在内。

　　② Dijksterhuis (1961), pp. 187-188.

　　③ 此外还有一种混合论，认为质变是由两种并存于基体中的相反的质共同引起的，质的强度变化取决于两种质中的任何一种从它们的"混合状态"中脱离出来的程度，一种质的增强是通过与相反的质较少地混合，减弱是通过与之较多地混合。持这种理论的主要是罗吉尔·斯万斯海德。在伯利看来，一个物体在某一时刻只能有一个位置、一种质和一种量。例如，在质的情况下，物体不可能既包含热又包含冷，共同产生单个的可感结果。虽然混合论也许可以被列为 14 世纪就这一问题相互竞争的第三种主要理论，但由于它的支持者极少，在当时的许多争论中都是被批驳的理论，所以这里不予讨论。

(1) 附加论(addition theory):认为在质的增强过程中,原有的质并未消失,新的质的部分不断产生,加到原有的质上,与之融为一体。在新的质中包含有先前的质。经典的例子是一滴水融入一定量的水中,而不是像一块石头加到一堆石头上。质减弱的情况相反。附加论被认为源于司各脱的思想,其拥护者甚众,主要有奥卡姆以及大多数牛津计算者。

(2) 承继论(succession theory):认为在质变的每一瞬间,基体相继接受一系列个体的质。原有的质被相继摧毁,同时被一系列具有不同强度的新的质所取代。新的质是从无中(*ex nihilo*)产生的。经院哲学家常以日复一日的更替为例进行说明,认为这些质就像白天逐渐变长或变短一样彼此更替,但并非源于彼此。其拥护者主要是戈德弗雷(Godfrey of Fontaines)和早期的牛津计算者伯利等人。[①]

附加论和承继论都同意司各脱的看法,即质被它的强度所个体化。也就是说,只要质的强度变化,个体的质就变化。但附加论主张,在质的增强过程中,先前的质作为后续的质的一部分被保留下来;而承继论则主张,在此过程中,前一个质被完全摧毁,同时后

---

① 一般认为,戈德弗雷在《自由论辩第十一》(*Quodlibet Undecimum*)的疑问 3 中首次提出了承继论:"就(圣餐)这一特殊情形而言,应当说,必须假定没有运动者的运动。"不过他没有详细论述。迈尔没有注意到戈德弗雷的这一论述,所以误认为戈德弗雷并不像后来的中世纪学者所说的那样持有这种理论。虽然伯利不是第一个提出承继论的人,但在《论形式的增强和减弱》(*De intensioe et remissione formarum*)这部著作中详细阐述并捍卫了这种理论,这使他成为承继论的主要代表人物。参见 Maier (1955), p. 344; Murdoch and Sylla (1978), p. 254, n. 45, n. 47 以及 Sylla (1981), pp. 110-141。

续的质被引入。这两种理论的分歧源于对形式或质的本体论看法
不同:伯利把每一个质都看成不可分的,所以持承继论;而邓布尔
顿等多数牛津计算者则认为,质有部分,一个质可以作为另一个质
的部分存留下来,所以持附加论。因此,附加论和承继论之间分歧
的关键是,每一个质或强度到底是不可分的,还是在自身中包含着
部分。[①]

到了 14 世纪初,附加论占统治地位。其主要特征是:①质实
际上有部分;②这些质的部分彼此是同种的、均一的和连续的,它
们构成了所谓质的幅度。[②]

四　伯利对附加论的反驳

伯利基本上是通过反驳附加论来阐述承继论的。伯利认为,
附加论"乃是基于一种基本的混淆:它为显然只能归于**质**的东西假
设了只能指定给**量**的特征"[③]。因为只有像时间、空间这样的量才
可以分成无数同质的部分,各个部分通过相加构成一段时间或
距离。

伯利承认质变的现实存在,认为在此过程中一定有新的东西
出现。在这一点上,承继论和附加论是共同的。他说:

在质变过程中,某种新的东西被获得了,它或者是一种形

---

① Sylla (1970), pp. 208-211.

② Sylla (1971), p. 15, n. 17.

③ Shapiro (1959), p. 415.

式,或者是形式的一个部分。①

然后,伯利提出了自己的观点:

> 在任一运动中,先前的整个形式被摧毁,全新的形式被获得,其中没有什么是以前的。②

伯利用来反驳附加论的主要论证是:

(1)通过与位置运动的类比来证明承继论。他说:

> 在位置运动中,运动者在量度运动的任何瞬间,先是在一个位置,接着在另一个全新的位置……因此,在质变中,在量度质变的任何瞬间,被赋予质的物体先是拥有一个质,接着再拥有另一个全新的质。③

伯利以白天的更替为例来说明强度的增强和减弱,就像较长的白天跟着较短的白天,或者相反,前者没有什么留在后者之中。④

他还宣称许多权威都主张用形式的多少(plurality)来说明形

---

① Walter Burley, *De intensione et remissione formarum* (Venice,1496),Cap. iv,fol. 10va,1st Conclusion. 转引自 Shapiro(1959),p. 420。

② 同前引,2nd Conclusion. 转引自 Shapiro(1959),p. 421。

③ 同前引,fol. 11ra. 转引自 Shapiro(1959),p. 422。

④ Maier(1958),p. 153.

式的增强减弱:

> ……这便是阿维森纳的观点,他在《物理学》第二卷中说:
> "正如在位置运动中,在量度运动的任何瞬间,运动先有一个
> 位置,接着再有另一个完全不同的位置,所以在质变运动中,
> 在量度质变的任何瞬间,被赋予质的物体先是拥有一个质,接
> 着再拥有另一个质。"不仅如此,这也是大阿尔伯特大师的观
> 点……持有这种观点的还有《六原理书》(*Liber sex*
> *Principiorum*)的作者[1]、戈德弗雷大师以及其他许多人。[2]

14 世纪的思想家之所以会想到用位置运动来类比质的强度
变化,归根结底是因为位置运动与质变同属于$\kappa\iota\nu\eta\sigma\iota\varsigma$,本身就有内
在的统一性。然而,人们早就发现位置运动与质变和量变之间存
在着一种不对称:对质变和量变的确定似乎只取决于物体之内的
因素,而对位置运动的确定却不依赖于物体本身。为了消除这种
分别,强化它们之间的统一性,人们很自然会想到将位置运动与质
变相类比,即位置运动相继占据的位置,就类似于质的增强和减弱
过程中相继的强度;位置运动中的各个位置是相继取代的,所以质
的增强和减弱过程中的强度也是相继取代的;一个位置与下一个
位置之间不相容,所以强度量在任一时刻的强度也被连续摧毁,以

---

[1] Gilbertus Porretanus.

[2] 同 Walter Burley, *De intensione et remissione formarum* (Venice, 1496),
Cap. iv, fol. 11ra-11rb, 1st Proof *per auctoritatem*. 转引自 Shapiro (1959), p. 422。

让位于下一个强度。[①]

（2）以光为例来说明。由光源发出光的亮度随着光源逐渐靠近而增加。亮度肯定是增强了，但在这种情况下，亮度的增强必定不是通过"（光的）度与度在两个方向上连续相加"[*additio gradus (luminis) ad gradum utroque remanente*]而得到的。伯利的原有论证非常复杂，但其要旨是：恒定的光源在任一时刻都会产生同样的亮度，一个与光源距离恒定的物体所接受的亮度也是恒定的；如果光源接近而其他条件不变，那么亮度就会增强。如果用附加论解释这一过程，即在任一瞬间新产生的度加在先前的度上，那么由于在每一瞬间光源产生的强度都是一样的，而且无论多么短的时间都是由无数个瞬间组成的，所以最终物体的亮度将会无限增强，这显然是不可能的。正确的解释只能是，在任一瞬间，前一瞬间产生的光完全消失，同时光源产生新的亮度，它与之前和之后的亮度均无关系。亮度在任一时刻都只取决于光源。[②]

（3）以运动速度的决定因素来说明。由于根据亚里士多德的动力学原理，运动物体在任一瞬间的速度由推动力和阻力决定，所以前一瞬间的速度是不会保留到后一瞬间的。不同时刻的速度之间无法相加，否则速度就会变成无限大，而只能是按照承继论的说法，即前一瞬间的速度完全消失，后一瞬间的速度相继产生。[③]

然而，承继论也有自己的问题。特别是，它无法很好地说明质

---

① Clavelin（1974），pp. 64-65.

② Maier（1958），pp. 154-155.

③ Maier（1958），p. 161.

的个体的度是如何产生和消失的；①再者，倘若在任一瞬间，相应的度整个产生，那么这个度和每一强度就不是通过一种在时间中连续进行的真正的运动而获得的，而是通过一种瞬间变化而获得的，这与通常的理解不符。②

五　承继论对圣餐运动的解释

承继论虽然显得古怪，但它之所以被人重视，一个很重要的原因是它能够比较合理地解释圣餐运动问题。这与变体论（transubstantiation）这样一个神学概念有关。

基于亚里士多德关于实体与偶性的区分，圣餐变体论认为，面包和酒的整个实体在弥撒中经神父祝圣后不复存在，而是变成了耶稣基督的身体和血，而圣餐的偶性却不发生改变。尽管这个术语既不出自《圣经》，也不出自基督教的教父，但根据《圣经》文本，却似乎要求面包不再存在，变成基督的身体。而信仰者是看不到圣餐发生改变的。阿奎那对圣餐变体论作了亚里士多德式的说明。他总结说："整个面包实体变成了整个基督身体的实体，整个酒的实体变成了整个基督血的实体。这种转化……也许可以用'变体'（transubstantiation）这个名字来称呼。"③

---

① Sylla (1970)，p. 212.

② Maier (1958)，pp. 176-177.

③ Aquinas，*Summa theologiae*，3a，75.4. 转引自 *New Catholic Encyclopedia*，2nd ed.，14：148. 国内有不少著作将"transubstantiation"翻译为"变质"而不是"变体"，这是不确切的。因为无论是从字面来讲，还是从词的含义来讲，指的都是实体的变化，而非质的变化。

在1215年第四届拉特兰大公会议之后,圣餐变体论这一神学学说被正式接受下来。它对质和质变的观念有很大影响。当然,从基督教早期开始,神学家就已经开始思考如何正确理解圣餐了,但在1215年之后,包括《物理学》在内的亚里士多德的许多著作有了拉丁文译本,神学家们可以从中寻找用于解释圣餐变体的术语和概念。

事实上,如果不是教会断定圣餐变体的确发生了,根据亚里士多德的学说,圣餐变体很可能会被归于"逻辑矛盾"。也就是说,即使是全能的上帝也不可能使之发生。因为亚里士多德说,凡能够单独存在的事物都被归于实体范畴。像量、质、关系等偶性只可能处于基体或实体之中。例如,白不能脱离白的事物而单独存在。这不仅在物理上正确,而且也是逻辑的必然,因为偶性的定义就是它是某种东西的偶性。然而,根据圣餐变体论,面包的属性或偶性,比如它的白、大小、味道、颜色等,虽然存在着,却不处于任何实体当中。它们不在面包之中,因为在圣餐变体之后,面包这个实体已经不复存在了;也不在已经取代了面包的基督的身体当中,因为基督的属性被认为是不可见的。

因此,对于在13、14世纪的大多数神学家来说,必须认为有可能存在着不处于任何实体中的偶性,或者至少全能的上帝可以做到这一点。阿奎那等思想家主张,在圣餐变体之后,圣餐的量扮演着曾经为实体所扮演的角色,所以质至少能够处于量中,这至少构成了一种对质变的解释。但对于量变,则似乎无计可施;而另一些人,如戈德弗雷、伯利、奥卡姆,则试图解释量、质等偶性如何可能既存在又不处于任何实体之中。

　　问题在于,变体后的圣餐显然可以发生位置运动、质变和量变,而不会影响圣餐变体的结果。比如,圣餐在变体和最终被享用之间可以被加热(质变),体积可以发生改变(量变),也可以作位置运动。人们认为,只要圣餐仍然拥有最初的面包和酒的本质属性,即使发生微小的质变,基督的身体和血也仍然存在。因此,享用圣餐仍然有效。然而,圣餐的这些运动是如何可能的呢? 根据亚里士多德的学说,任何运动都要预设实体的存在,而在圣餐中,并没有这样的实体能够分有质的形式来产生观察到的质变。于是,作为一种对圣餐运动的解释,承继论开始被认真地对待。根据承继论的提出者戈德弗雷的看法,在圣餐的质变中,存在的仅仅是一系列形式,而没有背后的实体。14 世纪之所以越来越强调运动过程中每一刻的状况,而不仅仅是运动者及起点和终点,圣餐的运动问题也许是原因之一。[①]

---

　　① 　Lindberg (1978), pp. 219-221. 关于戈特弗雷对圣餐运动的讨论,参见 Sylla (1981)。此外,根据 1277 年大谴责禁单中的命题 141,不能断言上帝无法制造出一种没有实体的偶性。也许部分是由于这一禁令的结果,14 世纪思想家通常承认,质脱离实体而存在并非逻辑矛盾。参见 Sylla (1970), pp. 206-207。

第四章　牛津学派:形式幅度学说

在讨论了质的强度变化问题这一哲学背景之后,我们从本章开始讨论 14 世纪的经院自然哲学家是如何对质进行量化的,即对质的强度变化进行时间和空间上的度量。有充分证据表明,对于质的强度变化的物理问题,他们基本都持司各脱主义的附加论的看法。而这非常有利于质的量化,因为"在现代人看来,量就是那种可以相加的东西"[1]。

这些学者大致可以分为以牛津计算者为代表的牛津学派和以奥雷姆为代表的巴黎学派,所使用的最重要的概念工具是所谓的"形式幅度"学说。这种对质的强度变化的时空度量主要有两条发展线索:一种是牛津计算者用算术或代数的方法所做的度量,另一种则是奥雷姆用几何方法所做的度量。本章我们先来讨论牛津计算者对质的量化。

---

[1]　Duhem (1980), p. 2.

一　"计算"方法与牛津计算者

1. "计算"方法

13 世纪，约 达 努 斯（Jordanus de Nemore）在《算 术》（*Arithmetica*）一书中引入了字母运算。他用字母表示任意数，而不区分哪些字母表示已知量和未知量。[①] 字母一方面使得算术得到简化，另一方面也使结果获得了某种程度的一般性。[②]

到了 14 世纪，字母已经被用来表示变量。起初，这样做只是为了使言语更加简洁，一件事物被称作 a，只是为了以后能够更加方便地提到它。但是渐渐地，字母开始被用来表示量（magnitude），甚至是一些可以被当作量来看待的概念。这种做法在牛津大学的默顿学院尤其盛行。[③]

"但你处置这一切，原有一定的尺度、数目和衡量。"（*Omnia in mensura et numero et pondere disposuisti*），这句出自天主教《圣经》《智慧篇》11:21 的话经常被引用，成为计算的特许证。人们确信，不仅世间万物都是可度量的，而且万物均已得到度量。[④] 在 13

---

① 卡茨（2004），第 246 页。虽然在古代也出现了字母表示，比如在亚里士多德和欧几里得的著作中，但这种新方法是对它的拓展和一般化。

② 当然，这种字母演算只是初步的，其推演过程仍然极为复杂繁冗。字母计算所需的工具还没有形成，特别是由于没有等号（16 世纪才被引入），也就不可能出现方程和一般的代数形式。参见 Maier（1952），p. 257。

③ Dijksterhuis（1961），p. 189。

④ Maier（1955），p. 340。

世纪末 14 世纪初,出现了一种度量一切可能事物的真正的狂热。这里所说的度量要比我们今天所说的测量的含义广泛得多。这一时期的经院哲学家们不仅用量来把握大多数自然哲学概念,而且试图量化许多本不可以量化的东西。不论是神学概念[比如圣爱、存在之链(chain of being)中的"种的距离"或"本质距离"(essential distance①)],还是自然哲学概念(比如速度、热、颜色),不论在那个时代能否用量来把握(比如美、勇敢、恐惧),他们都试图用字母来表示概念,用量进行计算。例如,他们可以随意地说某个热的热度为 3 或 b,某个速度是 a,某个论证的证明力为 4,等等。反过来,提问方式本身也受到了影响,经院学者会把问题表述得使新方法可以运用,比如他们会问罪(*peccatum*)与罚(*poena*)的关系,然后对它们进行比较,如苏格拉底实际的罪为 a,被赦免的罪为 b,等等;或者计算被灌注的(*infusa*)圣爱在给定条件下增强的精确速度等。当然,14 世纪的经院哲学家们还无法对质的强度和速度进行实际测量,经院哲学家实际测量过的量只有空间和时间,其结果用"罗马尺"(*pedes*)或"一千步"(*milia*)以及"小时"(*horae*)或"一天"(*dies*)来表示。② 这种做法招致了后人特别是文艺复兴时期人文主义者的广泛批评,难怪它被称为一个声名狼藉的(berüchtigt)"计算"(*calculationes*)的时代。③

    因此,我们不能说经院哲学家没有能力进行定量思考。虽然

---

① 所谓"本质距离"是指两个种之间的距离,比如人和马,或人和马的本质之间的距离。

② Maier(1952),pp. 257-261;Maier(1955),p. 340.

③ Maier(1952),p. 259.

这只能算是一种度量而不是测量,因为并没有一套可操作的测量系统,即指定标准的测量单位,然后计算相应的数值,但它打破了亚里士多德所认为的只有时间、空间才能被度量的假设。毕竟,要像现代科学那样去实际测量这些事物,首先要想到这些事物是可以被度量的,从这个意义上讲,这种新的"计算"方法是通往 17 世纪科学革命的重要一步。至于为什么会在这时出现这种度量的狂热,原因并不十分清楚。

2. 牛津计算者

在"计算"的背景下,在 14 世纪的第二个 1/4 世纪,牛津大学便涌现出这样一批著作,它们对欧洲自然哲学的影响一直持续到 16 世纪。这些著作解决问题的方法比亚里士多德的方法更为数学化,使用的许多概念和方法都来源于逻辑学和医学。它们构想了质、力、速度等物理变量在空间和时间上的各种分布,使之成为"计算"的对象。

在这些著作中,最重要的有布雷德沃丁的《论运动速度的比》[1]、海特斯伯里的《解决诡辩的规则》[2]和斯万斯海德[3]的《算

---

[1]　Crosby (1955).

[2]　Wilson (1956).

[3]　根据多位中世纪科学史家的考证结果,曾为默顿学院成员并且叫"斯万斯海德"的至少有三个人,分别为理查德·斯万斯海德、约翰·斯万斯海德、罗吉尔·斯万斯海德。不过,理查德和罗吉尔是否是同一个人仍然有待考证。参见 Clagett (1959), pp. 201-202 以及 Gillispie (1970—1980), vol. 13, pp. 184-185。后面提到斯万斯海德的时候,均指理查德·斯万斯海德。罗吉尔·斯万斯海德则用全名。

书》①。一般认为，海特斯伯里的《解决诡辩的规则》和斯万斯海德的《算书》代表着默顿学者对物理问题的逻辑和数学探讨的顶峰。② 到了 15 世纪末 16 世纪初，就像圣保罗被称为"那位使徒"（the Apostle）、亚里士多德被称为"那位哲学家"（the Philosopher）、阿威罗伊被称为"那位评注者"（the Commentator）一样，斯万斯海德因《算书》而被称为"那位计算者"（the Calculator）③。其他著作则由于在逻辑、数学、物理学或自然哲学方面的共同兴趣和方法而与这三本著作联系在一起，如邓布尔顿的《逻辑与自然哲学大全》（*Summa logicae et philosophiae naturalis*）④、伯利的《论第一瞬间与最后瞬间》（*De primo et ultimo instanti*）和《论形式的增强和减弱》（*De intensione et remissione formarum*）、海特斯伯里的《诡辩》（*Sophismata*）和《对〈〈解决诡辩的规则〉的）结论的检验》（*Probationes conclusionum*）⑤、

---

① 关于对斯万斯海德以及《算书》的详细介绍，参见 Murdoch and Sylla,"Swineshead", in Gillispie（1970—1980），vol. 13，pp. 184-213。

② Wilson（1956），p. vii；Sylla（1982），p. 555.

③ 斯万斯海德被许多 15 世纪意大利的经院哲学家称为"那位计算者"，认为他是这种定量物理学的权威，如弗桑布鲁诺的安杰鲁斯（Angelus de Fossambruno）、多利的吉亚科莫（Giacomo da Dorli）、威尼斯的保罗（Paul of Venice）、乔万尼·马里亚尼（Giovanni Marliani）等。同时，15 世纪意大利的人文主义者却嘲讽他那烦琐的思想，从而给他杜撰了一个讽刺性的名字："苏伊塞特"（suisetica、suiseth 或 Suisset）。不过，到了 16 世纪又受到了约瑟夫·斯卡利哲（Joseph Scaliger）、哲罗姆·卡尔丹（Jerome Cardan）等著名学者的称赞。参见 Clagett（1950），pp. 138-139。

④ 参见 Weisheipl（1957），（1959b），（1968b）。

⑤ 《对〈〈解决诡辩的规则〉的）结论的检验》一书的作者不详，一般认为是海特斯伯里本人所写，但也有科学史家（如迪昂）认为应当归于萨克森的阿尔伯特或其他人。参见 Duhem（1987），p. 71。

罗吉尔·斯万斯海德的《对运动的描述》(*Descriptiones motuum*)[①]等。[②]

由于这些人同属牛津大学的默顿学院(Merton College)[③]的成员,所以科学史上有时称他们为"默顿学派"(Mertonians),虽然历史上并没有出现过这一称谓。[④] 考虑到还有一些人虽然不属于默顿学院,但也做出过类似的讨论,所以也有科学史家称这些英国的学者为"牛津计算者"(Oxford Calculators)[⑤]。在本书中我们将采用后一称谓。这些牛津计算者的著作于 14 世纪下半叶传到了欧洲大陆,15 世纪在意大利的大学中流行开来,16 世纪初在西班牙和巴黎的大学中广为流行,此后逐渐失去了活力。直到今天,学术界仍在争论伽利略的工作是否直接受到了中世纪的影响。虽然伽利略在青年时代的课堂笔记中,曾经提到过海特斯伯里、斯万斯海德等牛津计算者,但他们的成果到底在多大程度上影响了伽利

[①]　它的另一个标题是《论自然运动》(*De motibus naturalibus*)。

[②]　关于牛津计算者著作的特点和历史背景,参见 Sylla (1970)，pp. 19-66。

[③]　默顿学院于 1274 年由默顿的沃尔特(Walter de Merton)主教所创立,最初是学习神学和教会法的学生的宿舍。至于默顿学院为什么在逻辑、物理学等方面有如此突出的成就,我们也许很难弄清楚。参见 Weisheipl (1959b)，p. 441。

[④]　科学史家魏斯海普指出,"默顿学派"一般指"属于布雷德沃丁圈子(Kreis)"的成员[Maier(1949)，pp. 3，95，n. 26；Maier (1968a)，pp. 43，265-267；等等],即那些有意识地发展《论运动速度的比例》的运动学和动力学的默顿成员。但使用"默顿学派"这样的称呼是不幸的,因为它传达了某种像"维也纳学派"那样的观念,这对于中世纪来说是完全陌生的。而且根据时间顺序,布雷德沃丁也从来不是海特斯伯里、邓布尔顿、理查德·斯万斯海德等人的老师。不仅如此,接受布雷德沃丁新方法的人也不仅限于默顿学院的成员。参见 Weisheipl (1959b)，pp. 439-440。

[⑤]　主张以"牛津计算者"称呼他们的科学史家以默多克和他的学生西拉为代表。

略,这方面的证据目前还不够充分。

需要注意的是,伯利也属于牛津计算者之列,只不过年代较早。由于他的许多观点与其他牛津计算者迥异,而且非常重要,所以为了区分,我们今后将在某些地方称伯利为早期牛津计算者,而称布雷德沃丁、海特斯伯里、邓布尔顿、斯万斯海德等人为牛津计算者或多数牛津计算者。

牛津计算者主要研究这样一些问题:为物理变量(如第一瞬间和最后瞬间、最大和最小)指定界限,确定物理变量之间的数学关系,回答运动根据什么来度量(*penes quid attenditur motus*)的问题,等等。这些都可以统称为"度量"问题。他们度量的事物大体可以分为三种:①距离,不仅包括空间距离,而且也包括时间距离和本质距离;②静态的连续统(continua),其原素(elements)沿着这一连续统有序地排列(如线上的点,时间段中的瞬间,沿着给定基体均匀变化的质);③各种类型的变化,如位置运动、质变、量变。①

在度量这些事物时,他们大都遵循一套基本的规则。常见的度量规则有:①均匀地非均匀的质根据其中间的度来度量;②均匀运动的物体的速度根据其运动最快的点来度量;③速度的算术增加对应着其原因(推动力和阻力)之比的几何增加,这就是布雷德沃丁的函数或定律;④各种涉及无限的规则;⑤为各种力量或连续

---

① Murdoch (1974),p. 63.

变化指定界限，比如"最大和最小"（*de maxima et minima*）问题；①⑥通过存在或非存在的第一瞬间和最后瞬间来指定持存事物和相继事物存在的时间界限，即所谓的"第一瞬间和最后瞬间"（*de primo et ultimo instanti*）问题。②

二　形式幅度学说

14 世纪中叶，新的"计算"方法在自然哲学中的应用要比在形而上学或神学领域中更为重要。在质的量化和运动的量化方面，这特别体现在用"形式幅度"（*latitudines formarum*）学说来讨论运动或变化。

"形式幅度"学说其实是一套用来描述形式或质增强和减弱的手段或方法，主要涉及"幅度"和"度"这两个概念。在不同人那里，"幅度"和"度"的含义亦有不同。"幅度"概念源自 2 世纪盖伦的医学著作，指人的健康状况可能的变化范围。后经阿维森纳、阿威罗

---

① 在"最大和最小"问题方面，中世纪经院哲学家所使用的术语有四种可能，分别为 *maximum quod sic*、*minimum quod non*、*maximum quod non*、*minimum quod sic*。它们很难翻译，*maximum* 指"最大"，*minimum* 指"最小"，*sic* 相当于"是"，*non* 相当于"否"，*quod* 则相当于"which"。*maximum quod sic* 就是指使某一作用成为可能的最大值，*minimum quod non* 就是指使某一作用成为不可能的最小值，*maximum quod non* 就是指使某一作用成为不可能的最大值，*minimum quod sic* 就是指使某一作用成为可能的最小值。以中世纪常见的"苏格拉底举起重物"为例，由于中世纪的理论认为，力（这里指苏格拉底的力量）必须超过阻力（这里指物体的重量）才能使作用发生，所以我们可以说，存在着苏格拉底能够举起的最大重量（*a maximum quod sic*），也存在着苏格拉底举不起来的最小重量（*a minimum quod non*）。

② Murdoch（1974），pp. 63-64.

伊等人的医学著作传入西欧,这时它的意思大概是"变化的能力",它所提出的问题还纯粹是本体论的。14 世纪的自然哲学家则开始把幅度用于描述强度量。

为了表达在质的增强和减弱过程中初始强度与最终强度之间的差别,牛津计算者第一次把幅度用于描述"变化过程"本身,而不是"变化的能力"。[①] 他们继承了 13、14 世纪医学、哲学、神学文献中对"幅度"概念的一般理解,把"幅度"理解为某种形式或质的"变化范围",即质可以在一定的"度"的范围内变化。他们的兴趣集中在对质的强度变化作纯粹运动学地描述,而完全不考虑质的增强减弱的本体论问题。

根据牛津计算者的形式幅度学说,质在发生强度变化时可以看成就像通过了一段距离。他们的一个关键的假设就是,质的强度是某种量,它们不仅线性地有序排列,而且可以相加。用海特斯伯里的话说就是:"任何有限的幅度都是某种量(*Quelibet latitude finita est quedam quantitas*)。"[②] 从而为质的量化打下了基础。形式幅度学说的术语有:"幅度"(*latitudo*)、"度"(*gradus*)、"强度的"(*intensus*)、"更强的"(*intensior*)、"最强的"(*intensissimus*)、"增强"(*intendere*)(以及相应的"减弱"的情况)、"均匀的"(*uniformis*)、"非均匀的"(*difformis*)、"均匀地非均匀的"(*uniformiter difformis*)、"非均匀地非均匀的"(*difformiter difformis*)等。[③] 其中,最重要的是"幅度"以及与之相关的"度"

---

① Clavelin (1974),p. 67.

② Wilson (1956),p. 21.

③ Murdoch (1975c),p. 282.

的概念。鉴于形式幅度学说对本书的重要性,我们有必要追溯一下"幅度"和"度"的概念的历史演变,从而帮助我们更好地理解牛津计算者的工作。

1. "幅度"概念在 14 世纪之前的演变

"幅度"(*latitudo*)概念有一个复杂的演变过程。"幅度"一词源于拉丁词"*latus*",指几何图形或物体的宽度。盖伦说,存在着一种健康的幅度,它可以分成三部分,即完全的健康,到既非健康亦非生病的中间区域,再到生病和最终的死亡。其中,每一部分又可以有某种幅度。换句话说,有些人是绝对健康的;有些人也许病了,也许健康,单从外表无法判定;还有一些人是明显病了。身体的最佳状态是"平和"(temperateness),"平和"附近的一些小的变化而不会导致疾病,但与之偏离过大时,人就生病了。因此,我们可以设想健康的幅度是一条由三部分组成的线,线的一端代表最佳状态,另一端代表重病或死亡,幅度的中间区域代表既非健康也非生病。

盖伦的这种观念可以用 15 世纪抄本中的一幅图来形象地说明(图 4-1)。它由两个矩形组成,标题是"健康的整个幅度"(*tota latitude sanitatis*),底端是"死亡"(*mors*)。该抄本的作者说,我们既可以认为两个矩形构成了一个幅度,即"生命的幅度"(*latitudo vite*①),也可以将它们看成有本质不同。作者认为后一看法代表盖伦的观点。在这种观点看来,A 幅度由三个子幅度构成,即上

---

① 原书如此,疑为"*latitudo vitae*"之误。

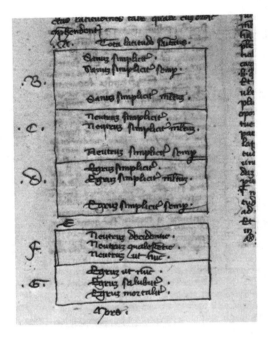

图 4-1　盖伦的健康幅度概念①

面一个矩形中的三个矩形 B、C、D,它们分别对应着盖伦所作的三
种区分——"健康"(*sanum*)、"中等"(*neutrum*)和"生病"(*egrum*)。
这三个矩形都代表纯粹地(*simpliciter*)情况。处于"纯粹健康"
(*sanum simpliciter*)的身体的各个基本组分都处于"平和"状态
(中世纪医学文献中将表示这种平和状态的希腊术语转写为拉丁
词 *eurcrasia*)。不过,矩形 B 中还包含着其他成员,即身体可以是

---

① 　该图摘自 Murdoch(1984a),p. 160。

"总是纯粹健康的"(*sanum simpliciter semper*)或"在多数情况下纯粹健康的"(*sanum simpliciter multum*)。对于前者,"平和"达到最大;对于后者,虽然"平和"有所缺失,但并不显著。类似地,表示"中等"和"生病"的矩形 C 和 D 也有类似的区分。E 幅度由两个子幅度构成,即下面一个矩形中的两个矩形 F、G,它们对应着并非"纯粹中等"(*neutrum simpliciter*)或"纯粹生病"(*egrum simpliciter*)的身体,而顶多是"暂时中等"(*neutrum ut nunc*)或"暂时生病"(*egrum ut nunc*)。由于底部的两个成员只有"中等"和"生病",所以我们看到,作为一个整体的 A 幅度是非均匀的。①

　　这种人的健康幅度的观念又与四体液说结合了起来。体液的平衡代表着健康。虽然体液的微小改变不会引起疾病,但如果超过一定限度,人的生命就可能不保。在中世纪的药理学中,人的健康和疾病的幅度是用亚里士多德的四种基本性质(primary qualities)——热、冷、湿、干来量化的。健康的身体是平衡的,既不太热也不太冷,既不太湿也不太干。如果偏离这种平衡状态,一个人就可能变得 1 度、2 度、3 度、4 度地热(或冷、湿、干)。某种质一旦超过 4 度,人就要死亡。药理学的目的就是要改变这种质的不平衡状态,给过热的人施以冷药,给过湿的人施以干药,等等。既然质的变化范围只包含 4 度,那么每一度之内就不得不包含某种较小的变化。理论家一般习惯于将每一度分成三个部分,即度的顶部、中部和底部,每一度的这三个部分是可能的最小差异。

　　于是,在医学特别是药理学领域发展出了一种质的幅度的概

---

① 　Murdoch(1984a), p. 160.

念,这些幅度往往对应于两种相反的质,如热—冷、湿—干、白—黑等,一种质的度沿一个方向增加,相反的质的度沿反方向增加。幅度的中心有一个中点或中间区域。根据中间区域的宽度,整个幅度可能有 8 度或 10 度。[①]

10 世纪的医学家阿维森纳也使用过幅度概念。他认为人这一"结合体"(*complexio*)并非对应于元素或质的单一比例,它的部分或强度可以在某一幅度内变化,而仍然对应于人这一"结合体"。[②] 他认为元素的质也可以在一定幅度内变化,而不会摧毁这一元素。他在探讨关于元素在复合物中的存在问题时说,构成火元素的两种质——热和干都有某种幅度,两种质的强度可以在这一幅度的范围内变动,而不会影响火本身的本性。如果在增强或减弱过程中,其中一种或两种质的变化超越了幅度的边界,那么火元素就不复存在了。[③] 后来,阿威罗伊也在相同意义上使用"幅度"一词。

此外,13 世纪的西班牙医学家维拉诺瓦的阿纳尔德(Arnald of Villanova)的《度的格言》(*Aphorismi de gradibus* 或 *De graduatione medicinarum per artem compositarum*)很可能是幅度概念的另一个来源。在这部著作中,阿纳尔德讨论了金迪(Al-Kindi)和阿威罗伊关于计算复合药物效应的不同理论。阿纳尔德还把幅度与度的概念结合在一起,讨论了它们之间的关系。[④]

---

① Lindberg (1978),pp. 231-232.
② Sylla (1973),p. 227.
③ Maier (1952),p. 26.
④ Sylla (1973),p. 228.

在中世纪的经济理论或伦理理论中,也可以说某种事物的公平价格有一个幅度,买卖双方可以在公平公正的前提下,在一定范围内商定价格的高低。[①]

到了13、14世纪,幅度概念开始大量出现于自然哲学和神学著作中,比如司各脱、阿奎那、根特的亨利等人的著作。[②] 在神学中,幅度概念有时被用来描述整个"存在的巨链"(Great Chain of Being),从开始的原初质料或无一直到最终的上帝,一切造物都秩序井然地排列其间。[③] 在这里,幅度成了一个"完满之阶"(scale of perfections),被想象成一系列不可分的"完满",对应于宇宙中的万物。

2. 牛津计算者对"幅度"和"度"的不同理解

牛津计算者的"幅度"概念正是来源于这些医学文献以及哲学家和神学家的著作。在他们这里,"幅度"意为"变化的范围""变化的间距",即质可以在一定的"度"(*gradus*, degree)[④]的范围内变化。质或形式的距离就类似于空间中的距离。

虽然牛津计算者的幅度主要也指范围,但与前人不同的是,阿奎那、司各脱等人把幅度的含义当成自明的,认为某种形式"有一

---

①　Glick, Thomas F. et al. (2005), p. 308.

②　迪昂曾将"幅度"这一术语的引入归之于13世纪的经院哲学家根特的亨利。参见 Duhem (1906—1913) III, p. 320。

③　关于14世纪将幅度和度运用于"完满之阶"的文献,参见 Murdoch (1969)。

④　"度"的意思并不复杂,其实就是"程度"的意思。只不过"度"是形式幅度学说中与"幅度"搭配使用的一个专门概念,根据翻译的陌生化原则,这里译为"度"而非"程度"。

个幅度",仅仅意味着它是可分的。而且,他们一般并不使用"度"的概念;而牛津计算者不仅明确使用"幅度"和"度",将以这两个概念为基础的形式幅度学说运用于对质变的度量,而且试图弄清楚它们的含义和彼此的关系。[1] 在这个问题上,牛津计算者内部产生了分歧,因为一个人对质的强度变化的本体论看法将会深刻地影响他对幅度概念的理解。

在伯利等持承继论观点的早期牛津计算者看来,质的各种度是一系列离散而不可分的致密的"完满";而在持附加论观点的多数牛津计算者看来,幅度和度是一个连续统,就像数学中的线。度就像幅度一样,被想象成线而不是点,度就等同于那种质从零度到某一点的幅度,较高的度包含较低的度,就像较长的线包含较短的线一样。也就是说,在质的幅度中,度不仅排成一个阶,而且也是附加性的。度的这种附加性可以通过两个光源在同一介质中的照度相加,或者两个热源共同加热一个物体来理解。显然,通过与线段作类比,度的附加性很适合用数学来处理。[2]

科学史家西拉曾经对这个问题做过认真的研究[3],她详细探讨了"幅度"和"度"在不同人那里的不同含义。这里仅把她所得出的主要结论总结如下:[4]

(1)对伯利等早期牛津计算者而言,质的度是不可分的,质的幅度是一个抽象的范围,其中包含了质的个体的所有度。度是幅

---

① Sylla (1973),p. 229.

② Lindberg (1978),pp. 232-233.

③ 比如参见 Sylla (1973),pp. 229-278;Sylla (1991b),pp. 327-427。

④ Sylla (1973),pp. 229-278. 这里没有将罗吉尔·斯万斯海德的观点列入。

度之中的不可分者(indivisibles),就像线上的点一样。幅度中最高的度仅仅对应于幅度的端点。只有度具有独立的物理地位,幅度只是对这些不可分的度进行排列的一种概念。质的幅度只有通过基体**在时间中**相继具有这些度才能实现,**空间中**的变化没有考虑。伯利的幅度理论实际上不是量的。

(2)在多数牛津计算者那里,度和幅度都是可分的。幅度与度实质上已经等同起来。幅度不再被想象成一系列致密的点或数,而是被想象成与几何的线类似,线的任何部分都与其他部分相似。度也不再由一个离散的算术单位来表示,而是对应着始于起点的一个线段,大小取决于度的强度。质的幅度就等同于它的最高的度,它包含着所有较低的度。这种看法与质变的附加论密切相关。它对质的幅度的看法非常类似于空间中的距离。因此,它要比伯利的体系更适于进行量的处理。幅度和度具有相同的物理地位。幅度在物理上可以等同于质在某一点的强度。以前主要是抽象意义上或概念上的东西(尽管有物理基础),现在变成了物理上的东西。质的量化基础是一维的度或幅度。

在这些概念分歧背后,其实隐藏着一个与运动的连续性有关的问题。正如一根线,我们既说它由不可分的点组成,又说它是连续的。要想同时满足这两个假设而不导致矛盾,就必须设想存在着无限个居间的点。伯利所主张的正是,运动路径由无限个居间的、不可分的度或位置所组成;而大多数牛津计算者则主张,运动路径是一个无限可分的连续统,它并非由点那样的不可分者所组成。虽然把运动路径看成一个连续统更有利于对运动进行数学描述,但从逻辑上说,这两种理论都有道理。从14世纪的观点来看,反驳伯利的观点并不容易。

西拉在评价这些14世纪经院哲学家对幅度和度的概念的使用时说：

> 我们发现，在相当短的时间，几种具有内在合理性但又不相一致的相互竞争的幅度概念被提出来了。与现代科学中的情况不同，这些概念中没有一个能够胜过另一个。由于同时代的人可以在几个完全不同的含义上使用同一个术语，所以后来的自然哲学家在阅读这些早期著作时，就可能堕入云里雾里。在我看来，通过幅度概念可以反映出整个14世纪自然哲学的一般情况。与其像惯常地那样追问伽利略可能从14世纪的著作中学到了什么，不如对14世纪的幅度概念做一番考察，这样也许可以帮助我们更好地了解14世纪自然哲学是什么样子。
>
> 虽然14世纪自然哲学家所讨论的各种理论……也许不是促进而是阻碍了科学的发展，但这些相互竞争的理论中的每一种都有其内在的优点。问题不是没有好理论，而是好理论太多……这里存在的似乎既不是一种"前范式"的状况，也不是基于单一范式的成熟科学，而是一种"多范式"的科学。
>
> 14世纪中叶以后，那些不在牛津和巴黎，特别是没有提出自己理论的学者，的确经常把这些相互竞争的理论彼此混淆……这也许有助于解释伽利略在分析运动问题时为什么要

另起炉灶，重新开始。[1]

三　与光的发射的类比

关于牛津计算者对质变的附加论模型的理解，还有一个不大为人所知但又相当重要的方面需要注意。正如西拉所说："要想理解牛津计算者关于质变的物理基础的看法，关键是认识到，他们是通过与光的发射进行类比而思考质变的。"[2]

本来，通过附加而产生更大强度的观念只是一个纯粹的光学理论。早在奥古斯丁时代，恩典的赋予就被拿来与光照作比较，阿奎那、波纳文图拉等人也都曾用光照论来分析恩典的增强。但是到了罗伯特·格罗斯泰斯特（Robert Grosseteste）和罗吉尔·培根（Roger Bacon）的时代，这一理论被拓展到一切种类的作用（action）。[3] 在光学中，光通过附加而使强度增强可以通过两种方式产生，或者两个光源作用于同一介质，或者单个光源的作用通过反射或折射集中于一个更小的体积。中世纪的学者认为，光本质上是介质潜能的一种实现。他们并不认为亮度的增加是因为一定量的"光的量"集中在了更小的体积，而是认为，原因的作用越有力量（比如光源更强），结果就越显著。在一束光线中，没有任何有形的东西从一个位置移到另一个位置；光源在临近的透明介质层中

---

① 　Sylla（1973），pp. 225-226.
② 　Sylla（1970），p. 240.
③ 　Sylla（1970），pp. 222-224.

产生光,这里的光又在临近的介质层中产生出新的光,依此类推。这里只有介质状态的持续改变,因为介质的主动潜能一再被实现,以一定速度传播的正是这种改变。[①]

光学对牛津计算者最重要的影响来自格罗斯泰斯特和罗吉尔·培根等人的"光的形而上学"(metaphysics of light)。在格罗斯泰斯特的著作中,光是贯穿始终的最重要的主题。无论是对《圣经》的评注,对感官知觉的解释,对灵魂与肉体之关系的看法,还是其光照派(illuminationist)的知识论,对物理世界的起源和本性的理解等,无不渗透着他对光的概念的理解。从哲学的观点来看,他用光来解释物理宇宙的基本结构和起源具有根本的重要性和原创性。之所以被称为"光的形而上学",主要是因为格罗斯泰斯特一方面认为物体是原初质料和原初形式[他称这个形式为"有形性"(corporeity)]的结合,另一方面又认为这种原初形式就是光,正是光使得物体具有三维的广延。他认为,要想使物体的质料具有空间上的维度或广度,其形式必须能够瞬间传播(*multiplicare*[②]),将自身沿各个方向扩散出去。这正是光的典型特征,由一个光点

---

① 这里牵涉到中世纪经院哲学中极为重要、也极为复杂的"种相"(species)概念。关于对这个概念的讨论,可参见罗吉尔·培根的《大著作》(*Opus maius*)和《论种相的传播》(*De Multiplicatione Specierum*);Dijksterhuis (1961), pp. 148-152 以及 Anneliese Maier,"Das Problem der 'Species Sensibiles in Medio' und die neue Naturphilosophie des 14 Jahrhunderts",Maier (1967), pp. 419-51。

② "multiplicare"对应的英文词为"multiply",既有"繁殖""增加"的意思,也有"传播"的意思,这里其实有双重含义,因为种相在传播过程中的每一点都可以自我复制成为新的种相源。

的确可以瞬间产生一个光球。这才是他的原创性之所在①。

　　从他们那里，牛津计算者得到了这样一种模糊的观念，即许多类型的物理作用都遵循着光的模式。② 就物理基础而言，牛津计算者是通过光的发射来理解质的强度变化的，即通过引起质变的原因的作用，而不是通过"质的量"的观念来讨论相关的问题。比如，一个东西变热了，也许是因为热源的作用更强了，也许是因为作为承受者的物体中的热更少了。在牛津计算者看来，光的作用与质变之间的重要区别仅仅在于，光被认为是没有阻力的，可以瞬时传播，而质却由于存在着相反者而受到阻碍，所以速度是有限的。他们认为，所有引起质变的动因在开始发生作用时，都会在其临近处造成一个最强的结果，然后以逐渐减小的强度沿空间传播。③ 比如，光源所产生的亮度被认为是均匀递减的，随着距离光源越来越远，亮度以恒定的比率减弱。热源所产生的效应同样被认为是均匀递减的(用他们的术语来说，叫"均匀地非均匀减弱")。这充分体现了几何光学对牛津计算者的影响。

四　对质的时空分布的分类和对质变速度的度量

　　虽然就物理基础而言，牛津计算者是通过与光的发射进行类

---

　　①　参见 Standford 哲学百科全书中的"Robert Grosseteste"词条：http://plato.
stanford.edu/entries/grosseteste。
　　②　Sylla (1991b)，p.63.
　　③　Sylla (1970)，p.241.

比而思考质变的，但根据附加论，质变可以获得一个连续的"质的距离"，即质的幅度。质的"度"就像不同长度的线一样，不仅线性有序地排列着，而且可以分割和相加。一旦度被想象成线，那么就可以不再去考虑质变背后的物理问题，而只要考虑如何用数学来处理质的强度变化。于是，利用形式幅度学说，牛津计算者使用算术或代数的方法，对质在空间中的不同分布以及在时间中的不同变化进行了度量。他们以极大的敏锐和想象力构造出了随空间或时间非均匀变化的各种情况，使之成为"计算"的对象，并对它们进行了分类。

在 14 世纪牛津计算者的著作中，均匀性（*uniformitas*）和非均匀性（*difformitas*）这两个概念扮演着重要角色。[①] 相对于基体（*quoad subiectum*）的均匀性和非均匀性与相对于时间（*quoad tempus*）的均匀性和非均匀性不同[②]：显然，每一种质都有空间上的广度，因为它为一个在空间中延展的基体所拥有；质的任何强度变化也都是在时间中完成的，所以质变的速度可以通过"质的距

---

① 迈尔指出，质的增强和减弱问题与对质的均匀和非均匀强度分布的思考之间的关联很小。她说，从这两个问题的历史上看，它们几乎没有什么关系。增强和减弱问题关乎强度变化的本体论解释，而这种本体论并不依赖于对均匀和非均匀现象的思考，参见 Maier (1952)，p. 274。迈尔还认为，对于 14 世纪的学者来说，强度的附加论从未与形式幅度学说被置于同一层面。它们处理的是完全不同的问题，同时代人从未想过将两者扯上关系，或者将一者从另一者中导出，参见 Maier (1968a)，p. 86。

② 本来，基体方面的速度变化应当称为"均匀的"或"非均匀的"，时间方面的速度变化应当称为"规则的"（*regularis*）或"不规则的"（*irregularis*），所以天的运动应当说成是"非均匀的"和"规则的"，落体运动应当说成是"均匀的"和"不规则的"，但习惯上并不作严格区分，所以经常把任何方面的变化都成为"均匀的"或"非均匀的"。参见 Clagett (1968a)，p. 31。

离"被导入承受者中的速度来量度。虽然质的强度变化永远都是
在时空中进行的,但此前质的增强和减弱都只是被抽象地讨论,其
空间和时间要素一直没有被探讨过。但是到了14世纪,质的强度
变化逐渐可以作为空间和时间的函数来理解了。比如一个平面,
它在每一点的亮度并不一定处处相同,同一点的亮度也不一定随
时间保持不变。一个热的物体,既可以所有部分显示同一强度(这
是在关于质的增强和减弱的本体论讨论中唯一考虑的情形),也可
以不同部分显示不同的热。相应地,质随时间改变的情况也可以
做类似讨论。前者是"均匀的"(*uniformis*,指质的强度在空间或
时间中恒定),后者是"非均匀的"(*difformis*,指质的强度在空间
或时间中发生了变化)。其中,最简单、最重要的情形就是"均匀地
非均匀"(*uniformiter difformis*,指强度随着空间或时间线性地
变化),因为这种非均匀性有某种内在的均匀性。除了均匀地非均
匀以外,所有其他非均匀分布被称为非均匀地非均匀
(*difformiter difformis*,指强度随着空间或时间非线性地变
化)。均匀地非均匀之所以重要,不仅因为它是最简单的非均匀
性,而且还被认为表示了单一的作用者初始效应的分布。比如前
面说到的光源所产生的亮度,以及热源所产生的效应,都被认为是
均匀地非均匀的。[①]

　　我们以一个著名的例子来说明牛津计算者对质的量化。
图4-2是斯万斯海德《算书》的一个14世纪抄本中的一幅图。它
形象地表示了斯万斯海德是如何对一个有着无穷强度的质的分布

[①]　Maier (1968a), pp. 83-84;Lindberg (1978), pp. 233-234.

进行量化的。需要注意的是,斯万斯海德本人并没有使用这种几何的方法来表示质的强度,而是使用了算术的方法。这里的几何图形是阅读《算书》的某位读者附在书页旁边的。

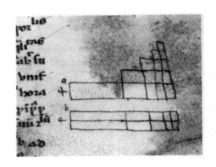

图 4-2　斯万斯海德关于无穷强度的量化[1]

斯万斯海德提出的问题是:假定一个长条物体有这样一种热的空间分布,它的前一半的热度是 1,接下来 1/4 的热度是 2,再接下来的 1/8 的热度是 3,再接下来的 1/16 的热度是 4,如此等等,以至无穷,那么整个物体的热度是多少? 图 4-2 中的上面一幅小图显示的就是物体的这种热度分布。通过一番烦琐的算术讨论,斯万斯海德给出的回答是,整个物体和"第二个比例部分"(即前一半之后的第一个 1/4)一样热,即热度为 2。

图 4-2(以及下面的图 4-3)形象地表示了斯万斯海德的证明过程和思路。从整体上看,下面这幅小图所表示的物体具有均匀的质的分布,其热度为 2。然而通过把用线条划分成的小块重新

进行组合，可以把它变成上面那幅小图，从而完成证明。方法是很简单的。先把下面这幅小图上面那层的前 1/2 移到后 1/2 上面，再把最上面一层（这时整个图形共有三层）的前 1/2（整个物体长度的 1/4）移到后 1/2 上面，再把最上面一层（这时整个图形共有四层）的前 1/2（整个物体长度的 1/8）移到后 1/2 上面，如此等等，以至无穷。这样我们就复原了上面那幅小图，证明两者在热度上的等价性。[①]

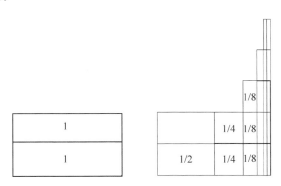

图 4-3　对斯万斯海德关于无穷强度的量化的重构

这个例子之所以著名，有以下几个主要原因。首先，它涉及了无穷强度；其次，奥雷姆后来正是用这种几何方法证明了斯万斯海德的结论[②]；最后，如果我们按照图 4-3 那样用数字对原图进行标示，那么我们可以认为这个问题的解决等价于证明了一个无穷级数之和：

①　Murdoch (1984)，p. 159.

②　详见 Clagett (1959)，pp. 412-415。类似的涉及无穷强度或无穷广度的更复杂例子的证明参见 Clagett (1959)，pp. 416-435。

$$2 = \frac{1}{2} + \frac{2}{2^2} + \frac{3}{2^3} + \frac{4}{2^4} + \cdots\cdots$$

牛津计算者不仅对质的各种时空分布作了分类,而且还对质变的速度进行了度量。下面我们以海特斯伯里的相关讨论为例来说明这一点。

海特斯伯里在《解决诡辩的规则》第六章的"论质变"(*De alteratione*)一节中,对质变速度进行了度量。[①] 海特斯伯里先是提出了三种观点,其中第三种是他本人所支持的。

(1)质变速度根据被导入的(*inductum*)度来度量。也就是说,质变的瞬时速度正比于在该时刻被导入的度。

(2)质变速度根据所获得的形式幅度与物体的尺寸的比较来度量。也就是说,如果物体尺寸相等,则质变速度正比于在给定时间内获得的强度幅度;如果不同尺寸的物体在给定时间内获得相等的强度幅度,则尺寸较大的物体质变速度较快。

(3)质变速度根据在给定时间内获得的形式幅度来度量(无论这一幅度是在整个基体中均匀获得的,还是仅仅在某一部分或某个点获得的),而完全与经受质变物体的尺寸无关。

海特斯伯里本人认为第三种观点是正确的。他对观点(1)的反驳是:首先,由于每一种基本性质(primary quality)即冷、热、湿、干都有一个最高的度(*summus gradus*),那么按照质变的瞬时速度正比于在该时刻被导入的度的规则,这些质的质变速度最高也只能是有限的。然而,亚里士多德认为(从动力学方面考虑的)

---

① 关于这部著作和海特斯伯里对位置运动的探讨,参见第八章。

质变速度取决于作用者的推动力与承受者的阻力之比,而这个比是可以无限变化的,这意味着质变速度也可以无限大,这与前面的结论矛盾。其次,假设有两个物体开始时具有不同的热度,然后都被连续加热一段时间,最后同时达到热度 c。然而根据这种观点,原先较热的物体在任何时刻变热的速度也较大,所以同时达到同一热度的情况是根本不可能实现的。

海特斯伯里对观点(2)的反驳是,这种观点不允许物体的所有部分发生均匀的质变。因为如果通过加热使得一个物体在任何时刻都具有相等的热度,那么根据观点(2),较小部分的质变速度小于较大部分,所以物体各处的质变速度是不同的,也就是非均匀的。海特斯伯里认为,既然位置运动和量变都可以做均匀的运动,质变也应当如此,所以观点(2)是不成立的。这里的问题实际上涉及强度的质与广度的质之间的区别。对于热而言,用现代的术语来说,就是温度与热量之间的区别。①

当然,度量的方法多种多样,没有固定的标准,而且这些问题都是头脑中构想出来的,与实际情况无关。这里的关键是牛津计算者已经有了对质变进行量化的明确意识。虽然质变的量化对物理学史可能不会产生什么影响,但是如果是对运动的量化,情况就不一样了。关于后者,我们将在后面几章特别是第八章中详细讨论。

① Wilson (1956), pp. 139-143.

第五章　巴黎学派:奥雷姆对质的强度的几何表示

在讨论了牛津计算者用算术或代数的方法对质的量化之后，本章我们讨论巴黎学派的尼古拉·奥雷姆是如何用几何方法对质进行量化的（图 5-1）。在这方面，奥雷姆最重要的著作无疑是《论质和运动的构形》(*Tractatus de configurationibus qualitatum et motuum*,14 世纪 50 年代)。它的成书时间显然要晚于牛津计算者的

图 5-1　尼古拉·奥雷姆(Nicole Oresme,约 1320—1382)①

————————

　　①　Miniature of Nicole Oresme's *Traité de l'espere*，Bibliothèque Nationale，Paris，France，fonds français 565，fol. 1r.

主要著作。在这部著作中,奥雷姆提出了他的构形(*configuratio*)学说以及描述质的强度的图示法。

一　《论质和运动的构形》的
内容概要和理解关键

"构形"学说是在形式幅度学说的背景下提出来的。奥雷姆论述这一学说的著作主要有两部。第一是《关于欧几里得几何学的疑问》(*Quaestiones super Geometriam Euclidis*),其中讨论了 14 世纪经院数学的一些流行主题,特别是比、不可公度性和无理性。它与其他类似著作的不同之处在于,它试图将对几何图形的研究与对非几何的形式幅度的阐述结合起来。第二是于 14 世纪 50 年代写的这部《论质和运动的构形》,这是 14 世纪最充分地运用形式幅度学说的著作之一。奥雷姆写这部著作很可能是为了详细阐述《关于欧几里得几何学的疑问》中提出的学说。在许多方面,《论质和运动的构形》都对《关于欧几里得几何学的疑问》进行了改进,《关于欧几里得几何学的疑问》提出的一些思想和原理在《论质和运动的构形》中都得到了更系统的阐述。

《论质和运动的构形》共分三个部分[①]。第一部分是:"论持存的质的均匀性和非均匀性的形态和力量"(*de figuratione et potentia uniformitatis et difformitatis qualitatum permanentium*),共 40 章。

[①]　我们在第一章中说过,克拉盖特不仅整理出了《论质和运动的构形》的拉丁文原文和英译,而且对其背景、版本、结构、内容和影响作了极为详尽的评注。本章的内容主要参考了这本书,即 Clagett (1968a)。

这一部分确立了构形学说的几何学原则,奥雷姆将由几何图形表示的外在构形与质的错综复杂的内在构形联系起来,并暗示这一理论或许可以解释无数物理现象和心理现象。由于这一章讨论了用几何图形来表示质的强度变化的方法,所以后世对奥雷姆数学感兴趣的科学史家所关注的主要是这一部分,特别是前 21 章。第二部分是:"论相继事物的形态和力量"(*de figuratione et potentia successivorum*),共 40 章。这一部分论述了构形学说如何应用于运动,即那些相继的事物。在论述了外在的几何构形之后(前 10 章),奥雷姆又讨论了如何用这些运动的内在构形来解释魔法效应和心理效应(后 30 章)。第三部分是:"论质和速度的获得和量度"(*de acquisitione et mensura qualitatum et velocitatum*),共 13 章。这一部分又回到了用于表示质和运动的外在的几何图形,表明这些图形的面积构成了对不同的质和运动进行比较的基础。

克拉盖特指出,要想正确地理解《论质和运动的构形》,有两个关键[1]。

(1)奥雷姆在"外在构形"和"内在构形"这两种意义上使用"构形"这一术语。"外在构形"指的是用虚构的几何图形来表示质的强度和运动速度。在讨论质时,图形的底表示被赋予质的基体,在谈论运动和速度时,图形的底表示时间。在底上竖起的垂线或者表示基体上某一点的质的强度,或者表示某一瞬间的速度。"外在构形"由所有这些垂线组成,在表示质的情况下代表质的强度的整个分布,即"质的量"。在表示运动的情况下其面积等于在给定

---

① Clagett (1968a), pp. 15-16.

时间内走过的距离,被称为"总速度"。而在奥雷姆看来,"外在构形"的差别合理而有效地反映了基体内在的质的差别或"内在构形"。"内在构形"并没有空间或几何含义,因为尽管强度变化可以通过线段长度的变化来表示,但强度本质上并不是空间的。① 奥雷姆的基本思想是,外在构形有助于我们理解质的结构和物体的各种运动,内在构形则可以帮助解释许多物理现象和心理现象,这些内容仅凭构成物体的元素是不可能完全解释的。

(2)"适宜性原则"(suitability doctrine),即只要"外在构形"底边上任意两点所对应的幅度(即现在所说的"纵坐标")之比等于那些点所实际具有的质的强度之比,那么任何图形或构形都可以描绘这种质。举例来说,假如某种质的外在构形为某一长方形ABCD(AB 为基体的广度),那么任何以 AB 为底边的长方形(如ABEF)都可以表示这种质(图 5-2)。同理,任何同底边的直角三角形 ABC 和 ABD 都可以描绘某一端点零强度的均匀地非均匀的质。适宜性原则使得奥雷姆在做图时可以不考虑质的实际强度大小,而只要考虑强度之间的比。适宜性原则是《论质和运动的构形》对《关于欧几里得几何学的疑问》关于构形学说的主要改进之一。

对于质的量化而言,《论质和运动的构形》的第 1 章是关键。它讨论了如何对一个基体中质的强度分布和变化进行几何表示,许多关键性的概念都是在这一章中提出的,有必要在这里详细引述。

---

① 关于"内在构形"在本体论上是否是实在的,迈尔认为在奥雷姆看来是实在的,克拉盖特则反对迈尔的看法。参见 Clagett(1968a),pp. 451-452。

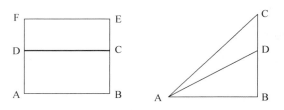

图 5-2　理解奥雷姆构形学说的"适宜性原则"

二　对质的强度的几何表示

奥雷姆在正文一开篇就肯定了用数学来解决物理问题的正当性。这始于质的强度可以量化，因此可以用线来表示的假设。借助于几何图形，质的强度就很容易度量了：

> 除了数以外，任何可度量的事物都是以连续量的方式来想象的。因此，为了度量这样一种事物，就需要想象点、线、面或它们的属性。因为正如亚里士多德所说，量度或比最初正是在这些几何实体中被发现的，而在其他事物中，量度或比则是在事物被理智归诸几何实体(*referuntur ad ista*)时通过相似性而得到认识的。尽管不可见的点或线并不存在，但是为了度量事物和理解它们的比，有必要在数学上对其进行虚构。因此，任何可以相继获得的强度都应当通过一段垂线来想象，这段垂线是在有强度变化的事物(即质)的空间或基体的某一点上竖起的。无论强度与强度之间存在着什么(关于同样种类的强度的)比，类似的比都可以在线与线之间找到，反之亦

然。正如第一条线可能与第二条线可公度,同时与第三条线不可公度,强度因其连续性也可能某些与某些可公度,同时与另一些不可公度。因此,强度的量度可以恰当地想象成线的量度,因为强度可以和线一样被想象成无限减弱或无限增强。[①]

这些表示强度的线"并不是真的在点或基体的外部延伸,而只是在想象中延伸"。至于为什么要与基体垂直,奥雷姆说:"它本可以沿任何方向延伸,只是想象它垂直于被赋予质的基体更为适宜。"[②]

接下来,在第一部分的第 2 章和第 3 章里,奥雷姆说明了为什么要把强度称为"幅度"(*latitudo*),把广度称为"长度"(*longitudo*)。[③] 因为严格来讲,根据与位置运动的类比以及这些术语在几何学上的用法,把强度称为"长度",把广度称为"幅度"才是更为恰当的:

　　由前面所说的线所表示的任何强度本应被称为这种质的

---

①　*De configurationibus* I. i, in Clagett (1968a), pp. 164-167.

②　*De configurationibus* I. i, in Clagett (1968a), pp. 168-169.

③　这里之所以把 *latitudo* 和 *longitudo* 分别译成"幅度"和"长度",而不是按照英文对应词译成更有几何直观意义而且也更流行的"纬度"和"经度",有以下两个原因:首先,这里不牵涉地理学的概念,与"纬度"和"经度"没有任何关系;其次,*latitudo* 的本义就是"宽度",*longitudo* 的本义就是"长度",只不过奥雷姆在此利用的是牛津学派的"形式幅度"学说,既然先前已把 *latitudo* 译成了"幅度"(本义为"宽度"),这里理应沿用,而先前没有出现过的 *longitudo*,我们则按字面意思将它译为"长度"。

长度。这主要是因为在连续的质变运动中，并不要求广度或基体各个部分的相继（因为整个基体可以同时开始发生质变），但强度方面的相继却是必需的。正如在位置运动中，被要求相继的那个维度称为空间或路程的长度，所以类似地，被要求相继的这种强度也应当称为这种质的长度。而且，正如位置运动的速度是依照空间的长度而度量的，所以质变运动的速度也应当通过强度来度量。再者，如果没有强度或强度的可分性，那么通过质变运动而获得的质就无法想象，但没有广度却是可以想象的。不仅如此，一个不可分的基体，比如灵魂或天使，并没有广度。因此，由于可以在数学上想象没有幅度的长度，而不是相反，而且强度应当指涉某种维度（由前一章可见），所以强度应当指涉长度而不是幅度，它应当更确切地称为长度而不是幅度。于是从严格意义上讲，一个不可分的基体的质显然是没有幅度的。但是许多神学家都在不严格的意义上谈论"圣爱的幅度"（*caritatis latitudo*），因为如果他们通过"幅度"来理解强度的话，那么就可以有没有长度的幅度，所以他们对含义的这种转换看起来是不适当的。但尽管如此，我仍将把这种强度称为质的"幅度"。[1]

奥雷姆还引入了质的第二个维度——长度。它或者指基体的广度，或者指相继的事物发生于其中的时间：

---

[1]　*De configurationibus* I. ii, in Clagett (1968a)，pp. 168-171.

任何有所延展的质的广度本应称为它的幅度。前面说到的广度是由在基体中画的一条线表示的,这种质的强度线正是垂直于这条线竖立起来的。既然每一个这种类型的质都有强度和广度,从而可以对其进行度量,所以如果它的强度被称为幅度,那么它的广度——这将是它的第二维——就将被称为长度。因此,正如一个面或物体的长度和幅度线是毗邻而垂直的,所以一种质的广度(本应称为它的幅度)就应当通过一条与这种质的长度线毗邻而垂直的线来想象。正如在持存的质中,基体的广度应当称为质的幅度,强度应当称为质的长度,所以类似地,在相继的事物中(如运动、声音等),它们在时间中的广度应当称为幅度,强度应当称为长度。①

但是依照已有的语言习惯,也是由于在认知过程中广度要比强度更为直接,而且术语只要固定,并不会造成什么谬误,所以奥雷姆还是把质的广度称为长度,把质的强度称为幅度(图 5-3):

然而,由于我们所说的广度要比强度更为显然、更容易觉察、在认知过程中也更为原初,从本性上讲或许也更为原初。因此,尽管有我们以上的陈述,根据语言的日常用法,这种广度与第一种维度即长度相联系,强度则与幅度相联系。由于这种命名上的差别或不恰当并不导致什么实际后果,同一种事物可以用任何一种方式来表达,所以我希望遵循惯常的方

---

① *De configurationibus* I. iii, in Clagett (1968a), pp. 170-173.

式。我之所以这样做,是为了使我说的内容不会因为不寻常的措辞而难以理解。因此,以上帝的名义,让我们把质的广度称为它的长度,把质的强度称为它的幅度或高度(*altitudo*)。[①]

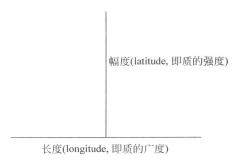

幅度(latitude, 即质的强度)

长度(longitude, 即质的广度)

图 5-3　奥雷姆对质的强度的几何表示

在第一部分的第 4 章,奥雷姆解释了"质的量"这一概念。这是他的独创,因为在此之前没有人有过这种说法:

> 任何线质的量(*linearis qualitas quantitas*)都应该通过一个面来想象,如前一章所述,它的长或底是在被赋予这种质的基体中绘制的一条线,它的宽或高则由按照第二章所述的方式垂直于这个底竖立起来的一条线来表示。所谓"线质",我指的是被赋予质的基体中的某条线的质。
> 这样一种(线)质的量显然可以通过这种面来想象,因为我们可以给出这样一个面,它在长度或广度方面与质相等,同

---

① 　*De configurationibus* I. iii, in Clagett (1968a), pp. 172-173.

时高度与质的强度相似,这一点很快就会清楚。①

　　借助于图形,我们可以更加直观和方便地看出质的均匀性、非均匀性甚至是均匀的非均匀性,从而理解这种质的特性和倾向:

> 　　但是我们显然应当以这种方式来想象一种质,从而更容易地辨识它的特性,因为当某种与之相似的东西在一个可感的图形(*figura*)中被描绘出来时,其均匀性和非均匀性就可以更快捷、更容易和更清晰地得到考察。②

　　比如均匀地非均匀的质对某些人来说很难理解,但直角三角形的高是均匀地非均匀的,这一点却很容易理解,因为这对感官来说是显然的。因此,用图形表示质的强度有助于我们方便地辨识出这种质的非均匀性、特性倾向、形态和度量。

　　奥雷姆还把点质的一维图形和线质的二维图形推广到面质的三维和体质的四维:

> 　　正如一个点的质被想象成一条线,一条线的质通过一个面来想象,所以一个面的质也可以想象成一个体,它的底就是被赋予这种质的面……由于在任何一个体中,都存在着无数个面,其中每一个面的质都可以想象成一个体,所以就必须想

①　*De configurationibus* I. iv, in Clagett (1968a), pp. 172-175.

②　*De configurationibus* I. iv, in Clagett (1968a), pp. 174-175.

象一个体同时处于另一个体（甚至是其他任何一个体）所处的位置。我们可以认为这是通过这些想象中的体的相互穿透、数学叠合或同时放置而发生的。然而，这种穿透并不是真实的。尽管面质（*qualitas superficialis*）可以通过体来想象，但第四维却并不存在，也不能被想象。体质（*qualitas corporalis*）被想象为有两种有形性（*corporitas*）：一种是真实的，对应于基体在任一维度的广度；另一种是由无限次地取这种质的强度而想象出来的，它取决于这种基体的面的多少。①

不过，虽然奥雷姆偶尔会提到面质和体质的表示，但他后续的整个讨论主要还是围绕着线质，所以我们主要也讨论线质。

在第8章和第9章，奥雷姆讨论了均匀地非均匀的质，即质的强度随着基体以均匀的方式变化。这可以分为两种，第一种始于零强度，终于某一给定强度，或者始于某一给定强度，终于零强度，这样的质由直角三角形来表示；第二种是开始和结束的强度都不为零的均匀地非均匀的质的情况，这时它的构形是一个直角梯形。在第10章，奥雷姆讨论了"四角形质"，如由长方形表示的均匀的质。如果不是这种由三角形和四角形来描绘的均匀的质和均匀地非均匀的质，那么就是非均匀地非均匀的质。第11到13章介绍了对质的其他一些描绘方法，比如用表示强度的各个垂线段的顶点连成的线即"顶点线"来描绘。对于均匀的和均匀地非均匀的质来说，顶点线都是直线。第14到16章讨论了不同种类的非均匀

---

① *De configurationibus* I. iv, in Clagett（1968a），pp. 174-177.

的非均匀性。第 17 到 18 章讨论了面质和体质的构形。

图 5-4 是奥雷姆对各种幅度的几何表示，左中右三幅图分别显示了：（均匀地）均匀（*uniformiter uniformis*）幅度、均匀地非均匀（*uniformiter difformis*）幅度和非均匀地非均匀（*difformiter difformis*）幅度。这里的幅度即可表示质的强度，也可表示运动速度（见第 8 章第 3 节）。

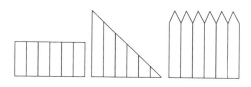

图 5-4　奥雷姆对各种幅度的几何表示①

三　奥雷姆与牛津计算者的区别

由此我们可以看到，奥雷姆如何用几何方法清晰而直观地表示了质的强度及其变化，这与牛津学派使用算术或代数的做法完全不同。

奥雷姆在表示质的强度的"幅度"基础上，又引入了表示质的广度（extension）的"长度"（*longitudo*）概念，两者共同构成了二维的"质的量"。"质的量"等于质的幅度乘以质的长度，由图形的面积表示。在他看来，"幅度"指的是二维的"质的量"的其中一个维

①　该图是奥雷姆《关于欧几里得几何学的疑问》中的一幅图，摘自 Clagett（1968a），p. 527。

度。在质的量化或对质的度量方面,不仅质的强度,而且质的广度也是本质性的。在奥雷姆之前,几乎没有中世纪学者使用过类似于"质的量"的概念。牛津计算者考虑的只是质的强度,强度与广度的乘积对他们来说毫无意义。从某种意义上说,奥雷姆的系统是对牛津计算者幅度概念的进一步发展。

此外,在牛津计算者那里,无论他们如何使用幅度概念,幅度仍然指一个抽象的范围,质或形式的幅度并不必然在某一时刻实际存在于任何物体之中;而奥雷姆则只讨论质在某一基体中的强度变化,幅度的"抽象范围"的基本含义几乎完全消失。

四 构形的物理意义

虽然利用构形学说,奥雷姆可以用几何的方法表示质的强度及其变化,但构形学说的内涵远远不止于此。构形有着独立的物理意义。奥雷姆的实际目的是希望用代表质的强度分布的构形来反映真实物体的内在结构,用构形的不同来解释我们各种感觉之间的不同和各种物理现象甚至是心理现象的不同,如人的感情、神秘力量、美学问题等。奥雷姆先是谈及古代原子论的学说:

> 显然,物体可以因其形状的不同而以不同的方式起作用。正因为此,主张物体由原子构成的古人们曾说,火原子的形状是锥形的,因为火的活动是剧烈的。于是,物体穿透能力的大小取决于锥体之间存在的差别。由于锐利程度不同,有些必定更能够穿透,而另一些的穿透能力则要稍逊一些。其他活

动和形状也是同样道理。[①]

既然原子论者认为,不同物质的特殊效应可以归结为原子空间形式的不同,由此奥雷姆便作了一个类比,即质之所以会产生各种不同的效应,正是基于通过前述方法而得到的几何构形。甚至可以说,构形就是质本身。质作为一个整体会表现出什么样的外在效果,这取决于它的构形是长方形、三角形、锥形或其他什么不规则的形状。比如,"长方形的热"(即长度上的每一点对应的热的强度都相等)与"三角形的热"或"圆形的热"等所产生的效果可能就会不同;气味的刺鼻同胡椒的辛辣背后的原因是一样的;体热的构形差异可以解释狮子、鹰、马在特征、倾向、行为方面的差异,比如他说:"狮子的形式所要求的身体形状与鹰不同……因此,狮子的体热与鹰的体热在强度方面有不同的形状。"[②]奥雷姆充分展开他的想象力,把这种思想推而广之,认为动植物的习性、草药和宝石的隐秘力量、人的性格、爱与恨、友谊与敌意、吸引与排斥甚至美与丑都可以归结为质的不同构形。[③]

但奥雷姆把构形学说与特殊现象联系起来完全是想象的和假说性的。正如克拉盖特所说:"隐藏在奥雷姆《论质和运动的构形》中对强度的整个处理背后的是这样一种信念,即虽然强度可以通过比较线来进行比较,但强度本身并不是空间中的广延。"[④]他无

---

① *De configurationibus* I. xxii, in Clagett (1968a), p. 227.

② Clagett (1968a), p. 233.

③ Dijksterhuis (1961), pp. 194-195.

④ Clagett (1968a), p. 23.

法通过测量等方式来确定哪些图形表示作为现象原因的内在构形。事实上,奥雷姆没有办法测量任何种类的强度。无论是在奥雷姆的时代还是在后来,不论构想得多么天才,构形学说在深化和拓展关于质的现象和心理现象的知识方面都没有什么用处。虽然作为对某些问题进行图示的一种辅助工具,构形学说对后世有一定的影响,但该学说的形而上学内容很快就被遗忘了,即使奥雷姆的同时代人也没有怎么注意。①

不过,尽管奥雷姆的这些关于质的量化的思想只是纯粹思辨性的,它们并未被经验事实说明,对科学史也没有产生什么实际的影响,但它们实际上是与自然数学化的精神完全一致的,这无疑反映了奥雷姆的一种深刻眼光。不仅如此,在《论质和运动的构形》的第二部分,奥雷姆将构形学说用于对运动的量化,正是在这方面,奥雷姆做出了重要的运动学成就。

---

① Maier (1955),pp. 345-346.

第六章　运动的量化的序幕：早期运动学和牛津学派的基本运动学概念

一　早期运动学的发展

1. 古希腊的比例论和运动学

希腊数学家和天文学家虽然可以处理一个点沿直线的匀速运动，却不能从量上处理加速或减速运动。量的连续变化的概念在希腊数学中并未出现，希腊人所考虑的量要么是数值的、离散的，要么是几何的、静态的。他们的代数学研究的是常量而非变量，他们的几何学研究的是固定不变的几何图形。他们只是研究均匀的直线运动或圆周运动。像加速度、瞬时速度这样一些概念，对于希腊人来说是没有意义的。简而言之，希腊科学并没有用定量的术语来讨论变化的现象。[①]

不仅如此，对于像长度、面积、体积、质量或时间这样的量的度量，希腊人的研究方法也与我们今天不同。度量并不是通过使用

---

① 爱德华(1987)，第116页。

常数和标准单位而获得的,而是通过诉诸比例论。[①] 这就意味着,只要涉及量的比较,就会用到比例。在选定单位之后,这些量并没有被看成一个数,而总是通过与其他同类的量进行比较来加以研究。所谓两个量同类,是指其中任何一个都能通过自乘超过另一个。[②] 例如,两个线段的长度 A 和 B 是同类的量,可以相互比较,结果有三种可能,即 A>B、A=B 或 A<B。而 A/B 或者可以表示成自然数之比,这时称 A 与 B 是可公度的,A/B 是有理的;或者不可以表示成自然数之比,这时称 A 与 B 是不可公度的,A/B 是无理的。不可公度量之比可以通过欧几里得《几何原本》第 5 卷中阐述的欧多克斯(Eudoxus,约前 408—前 355)的比例论来处理。比例论的核心定义是:A/B=C/D,当且仅当对于所有自然数 n 和 m,nA>mB 蕴含 nC>mD,且 nA=mB 蕴含 nC=mD,且 nA<mB 蕴含 nC<mD。[③] 通过这种定义,就避免了 A 与 B 不可公度所引出的麻烦。

虽然瞬时速度的概念对于近代科学是非常基本的,但芝诺已经显示了这个概念中的深层问题,亚里士多德则断然拒绝了它:"没有任何事物能在'现在'里运动……也没有任何事物能在'现在'里静止。"[④]对亚里士多德而言,只存在平均速度。现代科学把速度定义为距离与时间之比,在古希腊人看来是无意义的,因为根据比例论,距离与时间是不同类的量,它们之间不能相互比较。

---

① 参见 Murdoch (1963),pp. 261-265。

② 《几何原本》第 5 卷,定义 4。

③ 《几何原本》第 5 卷,定义 5。

④ Aristotle, *Physics*, VI, 234ª25, 33.

我们可以通过一个例子来说明希腊人的运动学是如何通过比例论进行的。比如要证明"在某一匀速运动中，通过的距离正比于所花的时间"这一命题。我们假设在时间 T_1 和 T_2 内分别通过距离 D_1 和 D_2，现在考虑自然数 n 和 m，使得 $nD_1 > mD_2$。由于通过每一个距离 D_1 都需要时间 T_1，通过每一个距离 D_2 都需要时间 T_2，所以通过距离 nD_1 和 mD_2 分别需要时间 nT_1 和 mT_2。由于根据匀速运动的定义，在较长的（或相等的、较短的）时间中必定会通过较长的（或相等的、较短的）距离，于是可证，$nD_1 > mD_2$ 蕴含 $nT_1 > mT_2$。同理可证，$nD_1 = mD_2$ 蕴含 $nT_1 = mT_2$，$nD_1 < mD_2$ 蕴含 $nT_1 < mT_2$。这样便用比例论的语言证明了"在同一匀速运动中通过的距离正比于所花的时间"这一命题。我们可以看到，用这种语言来证明相关命题是相当烦琐的。

2. 运动学的先驱杰拉德：速度在空间中的分布

中世纪欧洲对运动学的兴趣始于 13 世纪和 14 世纪。他们研究的问题有两个：一个涉及速度在空间中的分布，即对于一个有着非均匀速度分布的运动物体而言，它的平均速度是什么？一个旋转体应当被认为是和它最外面的点运动得一样快，还是和半径的中点运动得一样快，还是和其他点一样？另一个涉及速度随时间的变化，即对于一个点的非均匀运动而言，它在一段时间内的平均速度是多少？14 世纪中叶，在荷兰的约翰（Johannis de Hollandia）所写的《论运动》(*De motu*)一书中，我们可以看到对这两个问题的明确区分：

非均匀运动有两种。有些是相对于(物体的)大小(magnitude)非均匀,有些是相对于时间非均匀。相对于空间非均匀的运动是指这样一个物体的运动,它的某个部分运动得比整个物体慢(……),相对于时间非均匀则是指这样一个运动物体的运动,该物体在一段时间内比在另一段相等的时间内走过更多的距离。[①]

布鲁塞尔的杰拉德(Gerard of Brussels)是运动学的先驱,他于 12 世纪末或 13 世纪初写的《论运动》(*Liber de motu*)是他的主要著作。[②] 这部著作分为 3 卷、13 个命题,分别研究了线(第 1 卷)、面(第 2 卷)和立体(第 3 卷)围绕固定轴的转动,并试图确定这些运动的平均速度。他采用希腊数学著作的公理形式,以演绎的方式对某一时刻速度在空间中的分布作了大量复杂的讨论,但没有涉及速度随时间的变化。它提出了将以恒定角速度的旋转与等价的直线运动联系起来的方法。最简单的情形是,描出一个圆的半径被说成与它的中点运动得一样快。此外,还有像圆盘的旋转这样的更复杂的情形。[③] 与 14 世纪不同的是,杰拉德讨论的是几何体的运动,而不是物体的运动。它源于希腊数学的传统,而不是亚里士多德传统。《论运动》代表着欧几里得和阿基米德著作的重要复兴。14 世纪则试图将数学引入亚里士多德的自然哲学。"《论运动》也许是第一部采用了近代运动学基本研究方法的拉丁

① Clagett (1959),p. 247.

② 关于对杰拉德工作的详细介绍,参见 Clagett (1959),pp. 163-197。

③ Strayer (1987),vol. 9,p. 626.

语著作,即认为运动学的基本目标就是把速度变化归结为匀速。"[1]虽然杰拉德的著作的确被布雷德沃丁引用过,但它似乎对其他 14 世纪论运动的著作没有产生什么影响。[2]

14 世纪的学者非常关心如何命名非均匀运动物体的速度问题。比如,他们想知道一个旋转着轮子的速度是多少。一个旋转体应当被认为是和它的最外面的点运动得一样快,还是和半径的中点运动得一样快,还是和其他点一样? 杰拉德通过计算各种旋转体的平均速度回答了这个问题。布雷德沃丁在《论运动速度的比》中也讨论了同一问题,并且提到了杰拉德的工作,但他认为旋转体的速度应当对应于运动最快的点的速度。[3] 布雷德沃丁的回答在数学上要比杰拉德简单得多。

二　奥卡姆对学科界限的打破: 数学在自然哲学中的应用

牛津计算者对数学的重视和大量运用与牛津古已有之的强大数学传统有关。格罗斯泰斯特认为,如果没有数学,对自然的研究是不可能的。因为光的行为就是通过几何的方法来考察的,而根据他的"光的形而上学",光是认识和理解世界最重要的东西,他对数学的重视也就不足为奇了。

---

[1]　Clagett (1959), p. 185.

[2]　Lindberg (1978), p. 223.

[3]　Crosby (1955), pp. 128-133.

他的学生罗吉尔·培根也很重视数学。比如他的《大著作》（*Opus Majus*）的第4卷就是专门讨论数学的。他试图表明，数学不仅对于理解所有其他科学是至关重要的，没有数学，我们就不可能理解这个世界上的事物。比如他说：

> 如果不了解数学，就不可能理解这个世界上的事物。对于天上的事物来说，这是一个事实，因为天上的事物由理论天文学和实践天文学这两门重要的数学科学来讨论……天上的事物显然是通过数学来认识的，数学为低一级的事物准备好了道路。而且，没有数学就不可能了解这些地上的事物，因为如果像亚里士多德所说，要想正确地获得知识，我们只能通过原因来认识事物。由于天上的事物是地上事物的原因，所以如果不了解天上的事物，就不可能了解地上的事物。而了解天上的事物只有通过数学。因此，对地上事物的了解必须依靠数学。[①]

不过，14世纪的经院哲学家之所以能够在运动学方面取得重要成就，也与奥卡姆的唯名论不无关系。奥卡姆倾向于取消抽象的概念，将问题转向具体的个体。这一学说有助于不同学科之间的融合，有助于数学在自然哲学中的应用。

---

① Bacon (1928), pp. 128-129.

我们知道,奥卡姆特别否认量和数学对象的实在性,认为数学概念和量的概念均属于涵指概念。比如像"点""线""面"等数学实体都是心灵的构造,"广度""时间""数"等概念都是指个体之间的关系,而不是独立存在的对象。运用数学并不必然需要假定数学实体的真实存在。奥卡姆试图消除一切本体论的思考和困扰,而代之以对概念的讨论。他认为对概念的澄清可以帮助解决一系列伪问题。根据涵指理论,奥卡姆提出了一种对数学实体的解释,主张将数学当成一种语言或分析工具,帮助我们解决关于质、时间、位置的许多棘手问题。[①] 这在一定程度上促进了对数学表述的形式性的理解。"奥卡姆等人把关注点从作为对象和实体来讨论的数学转到了作为语言和形式系统的数学,后者可以通过多种方式进行解释,并被运用到一切学科。"[②]这种方法似乎促成了当时的许多学者来把数学应用于自然哲学。可以说,奥卡姆的学说对从一种质的自然哲学转向一种自然哲学的量的概念产生了深远的影响。[③]

---

①　Goddu (2001), p. 215, p. 220. 奥卡姆这种通过对本体论问题的语义学还原并不是没有问题。虽然除实体和质以外的其他范畴都只有派生意义上的存在,但它们描述的是绝对事物的存在状态、条件和关系。绝对事物存在,并不意味着除绝对事物之外的其他事物就完全不存在。如何对这种派生意义上的存在作出本体论上的说明仍然是一个问题。

②　Goddu (2001), p. 216.

③　Goddu (2001), p. 222.

这也说明,如果数学首先是一种语言,而不是一种存在的范畴,那么亚里士多德关于"转用"(metabasis)的禁令就不再有效力了。[①] "转用"是亚里士多德在《后分析篇》第 1 卷第 7 章中讨论的一种方法,即在证明的过程中从一个学科转到另一个学科。亚里士多德认为,科学分为不同的学科,不允许从一个类属(genera)过渡到另一个类属来证明命题。他用一个数学例子来说明这一点,即不能通过算术来证明几何命题,因为一个是关于数的,一个是关于量的。他说:

> 不可能通过算术来证明一个几何命题。倘若涉及不同的类属,如算术与几何,那么尽管证明的基础也许是一样的,但不可能把算术证明运用到广度量的分布上去,除非这些量是数。[②]

即使在几何学内部,也只有同类的图形才可以相互比较,如直线与直线、曲线与曲线、面与面等。说一个面比一条线"大"是毫无意义的。再比如物理学和数学。亚里士多德说,由于数学实体是从物理性质中抽象出来的,所以数学几乎不能应用于物理学。数学在物理学中的应用仅仅局限于静态的结构,如静止物体的平衡,

---

① 关于后世对亚里士多德"转用"禁令的打破,参见 Livesey (1982)(1985)(1986)(1990)和 Funkenstein (1986), pp. 299-312。

② Aristotle, *Posterior Analytics* I, 75ª38-75ᵇ6.

或者天的均匀而简单的圆周运动(可以说既静止又运动)。① 在中世纪,涉及数学在自然现象中应用的科学被称为"中间科学"(*scientiae mediae*,middle science)②,因为它们被认为介于自然哲学和数学之间。这些例外情况都属于"中间科学"或"从属科学"(subalternate sciences),如天文学、音乐、光学、静力学[在中世纪被称为"重量科学"(*scientia de ponderibus*)]等。音乐从属于算术,光学和静力学从属于几何学。由于直线与圆弧不属于一个种,

---

① 关于亚里士多德所说的数学只能研究静态的结构,以及他所认为的数学与物理学之间的关系,可以参见他在《物理学》中的一段话(Aristotle, *Physics* II, 193ᵇ 22-194ᵃ 12)(注意,文中所谓"物理学"或"物理学家"即"自然哲学"或"自然哲学家"):

接下来必须研究数学家和物理学家的任务有何区别。因为物体包含面、体、线、点,而这些也是数学家研究的对象。

也必须弄清,天文学是与物理学不同呢,还是它的一门分科?因为如果认为物理学家应该了解太阳和月亮是什么,却可以不去研究它们的本质属性,这是奇怪的,特别是当物理学家事实上已经明显地在论述月亮和太阳的形状以及地球和世界是否是球形的问题时。

数学家虽然也讨论面、体、线、点,但不是把它们作为物体的界限,也不是作为这些物体显示出来的特性来讨论的。数学家是把它们从物体分离出来讨论的。因为在观念上它们是可以同物体的运动分离开来的。而且这样做,不会有什么影响,也不会造成结论上的错误。

理念论的哲学家无意中也这样做了,他们把物理对象分离开来。物体对象不如数学对象那样可以被分离开来进行研究。如果我们给数学对象和物理对象以及它们的特性下定义的话,这个问题就会清楚了。"奇"和"偶","直"和"曲",还有"数""线""形",这些数学研究对象的定义中都不包括运动。而"肉""骨""人"则不是如此,因为给它们下定义要像给"塌鼻子"下定义一样,不能像给"曲"下定义那样。

这一点可由那些与其说是数学的不如说是物理的学科,如光学、声学和天文学得到进一步的说明。这些学科和几何学有一种正好相反的情形:几何学研究物理的线,但不是作为物理的(来研究),光学研究数学的线,但不是作为数学的(来研究),而是作为物理的(来研究)。

② "中间科学"一词是阿奎那最先提出来的。

所以直线运动与圆周运动也不可相互比较。① 类似地,水与声音无法比较,质变与位置运动无法比较,等等。②

奥卡姆认为,亚里士多德的"转用"禁令只适用于那些分别有着完全不同的研究对象和属性的科学。如果一门科学的研究对象包含在另一门科学的研究对象之中,那么用一门科学去证明另一门科学的结论是完全允许的。虽然狗和马是不同的实体,但狗的白和马的白却是可以比较的。类似地,如果想象一个人沿着圆周走路,另一个人沿直线走路,那么这个人的圆周运动就可以与另一个人的直线运动相比较,因此圆周运动可以与直线运动相比较;一段拉直的绳子并不比它卷成绳圈的长度更长,因此在这个意义上,圆周可以比直线更长、更短或相等。结合奥卡姆的词项理论(theory of terms),倘若抽象的词项表达的是某种固有的性质,那么这些普遍词项就是不可比较的。但是如果像"曲""直""慢""快""不等"等抽象词项所表达的事物并不具有种的差异,那么它们就是可比较的。③

不仅如此,奥卡姆还提出,不同学科之间的"从属"可以有广义的和狭义的两种。根据亚里士多德的标准,像天文学、音乐、光学、静力学等学科严格地从属于算术或几何学。但奥卡姆还提出有一种广义的从属,有些通常不被看作从属科学的也可以认为是从属科学。虽然亚里士多德明确指出,医学和几何学不是从属科学,但奥卡姆提出,广义地说,它们以及逻辑学或形而上学等学科都可以

---

① Aristotle, *Physics* VII, 248^{a}20-248^{b}7.

② Aristotle, *Physics* VII, 248^{b}8-249^{b}26.

③ Goddu (2001), pp. 217-218.

在一定程度上算作从属科学。这样便大大扩充了从属科学的数量，使它们能够避免"转用"的禁令。[①]

　　奥卡姆的这种对人为的形而上学限制和牢固的学科界限的打破，对布雷德沃丁、海特斯伯里、奥雷姆等人的工作产生了直接影响。从这个角度讲，自然哲学从中世纪晚期到近代早期的发展并不像 17 世纪的革命者所宣称的那样激进。[②] 虽然与格罗斯泰斯特、大阿尔伯特、罗吉尔·培根等早期学者相比，奥卡姆的哲学并没有强调数学在自然哲学中的重要性，然而，奥卡姆对亚里士多德的论证提出了挑战，对他使用的概念进行了扩展。在这个意义上，他为 14 世纪数学在自然哲学中的应用，从而也为运动学的发展提供了逻辑上和哲学上更隐秘的支持。[③]

三　质变与位置运动的类比

　　14 世纪的经院哲学家都将质变与位置运动相类比，质变被设想成通过一段"质的距离"（qualitative distance），就像位置运动是

---

　　① 　Livesey（1986），pp. 57-58. 伯利等人也持类似的观点。

　　② 　这里并不是说，没有奥卡姆等人提出的唯名论学说，不同学科之间的应用和不同运动之间的比较就不可能，因为数学家早在哲学家允许之前就已经在作应用和比较了。

　　③ 　虽然我们现在以为数学应用于自然哲学或物理学是自然而然的事情，即所谓的数学物理学，但这是由于近代科学革命所带来的自然的数学化所致，事情本身远不是那样显而易见。比如直到 16 世纪早期，意大利人文主义者彭波那齐（Pietro Pomponazzi）还抱怨斯万斯海德等牛津计算者把过多的数学和几何学应用于自然哲学。参见 Livesey（1986），p. 68。关于"转用"（metabasis）如何被一步步打破的历史，参见 Livesey（1982）。

通过空间中的距离一样。布雷德沃丁在《论运动速度的比》一书
中说：

> 正如通过位置运动获得的是距离，通过质变运动获得的
> 是幅度；同样地，正如较快地作位置运动的运动者在相等的时
> 间内通过更大的距离，较快的质变在某一时间内也会获得较
> 大的幅度。①

在第 4 章中，我们谈到了质在时空中的各种均匀和非均匀分
布，这些概念也可以应用于位置运动。我们可以设想出无数种位
置运动在空间或时间上的非均匀性。同样，最简单、最重要的情形
也是均匀地非均匀（*uniformiter difformis*）运动，比如一个圆盘
的旋转运动就是相对于基体的均匀地非均匀运动，匀加速运动就
是相对于时间的均匀地非均匀运动。除了均匀地非均匀以外，所
有其他非均匀分布被称为非均匀地非均匀（*difformiter
difformis*）。

类比于位置运动，速度被称为"运动的度"（*gradus motus*），较
快和较慢的运动被称为"更强的运动"（*motus intensiores*）和"更弱
的运动"（*motus remissiores*），加速和减速被称为"增强"（*intensio*）

---

① sicut acquirendum per motum localem est spacium，sic quod acquiritur per
motum alterationis est latitude，et eodem modo sicut mobile localiter velocius movetur
quod plus in equali tempore pertransit de spacio，eodem modo quod maiorem latitudinem
in aliquot certo tempore acquirit per alterationem velocius alteratur.

和"减弱"(*remissio*)。①

但这里还有几个方面的问题需要澄清。②

(1)在质变和位置运动过程中获得的是否是一个同质的连续统?①由于持质变的承继论,伯利认为,质变就是相继获得无限数目的不同的质,在新的质产生的同时,旧的质被摧毁;位置运动就是相继获得无限数目的不同位置,在获得新位置的同时,失去旧的位置。这些相继获得的质或位置并不构成一个连续统。②大多数牛津计算者认为,质的幅度就是质变过程中获得的同质的连续统,距离就是位置运动中获得的同质的连续统。③斯万斯海德是一个特例,他认为在质变和位置运动过程中获得的虽然是一个连续统,但并不同质。他在《算书》中指出,质的幅度是这样一个连续统,它的某些部分比另一些部分在强度上更强。比如6度和7度之间的幅度虽然在广度上等于3度和2度之间的幅度,但在强度上要更强。与此相类比,空间中的距离不是同质的,而是根据亚里士多德宇宙的结构,每一个位置都有所不同。

(2)在比较质变与位置运动时,这两个范畴中的变量如何匹配?①伯利等人将质变中某一时刻的质与位置运动中某一时刻的位置相比较。这样做的人一般认为距离是好理解的,通过距离来解释质。②大多数牛津计算者、布里丹、奥雷姆等人将质变中某一时刻的质与位置运动中某一时刻的速度相比较。这样做的人一般认为质是好理解的,通过质和质变来解释速度和速度变化。但在

---

① 　Maier (1958),p. 149.

② 　Sylla (1970),pp. 268-272.

将质与速度相比较的人当中，对运动概念存在着两种理解。一是布里丹、奥雷姆等人认为，位置运动是内在于运动者之中的一种质，运动有实际的所指。二是大多数牛津计算者受奥卡姆唯名论的影响，将运动看成一个词项，没有实际的所指。

一般科学史著作在谈到这一点时，经常含糊地称运动被经院哲学家当成一种质来处理，这是不确切的，因为巴黎学者与牛津计算者的看法存在着本体论上的区别。

四　牛津计算者的基本运动学概念

1．速度作为独立的量

在古希腊，速度并不是运动本身，也不是一个可以用来对一切运动进行比较的意义明确的量。速度只是作为中介，将距离或时间彼此联系起来。在亚里士多德那里，速度仅仅是推动力与阻力之比 F/R 的一种体现，这注定了速度是某种外在于运动的东西。而到了牛津计算者这里，速度已经成为一个区别于运动的独立的强度量，这是迈向运动数学化的一个重要步骤。

之所以会有这种转变，还要回到前面讲的关于质的强度变化的争论。我们在第三章中讲过，承继论把位置运动与质变相类比，从而强化它们同属 $\kappa\iota\nu\eta\sigma\iota\varsigma$ 的内在统一性。这种类比的另一个表现在于，既然物体变热涉及热这种质的增强和减弱，那么运动可能也是由于某种质的作用，这种质就是速度。如果速度是一种质，那么位置运动就可以归因于某种质的作用，这样，无论是位置运动，还是质变和量变,都可以仅由内在于物体之中的要素来确定。[1]

这种新的观念可见于布雷德沃丁《论连续》(*Tractatus de continuo*)[2]一书的假设 7 和假设 8:

> 假设 7:对于两个在相同或相等时间内连续进行的位置运动,速度与这些(运动)所通过的距离成比例,即一个速度与另一个速度之比等于一个运动通过的距离与另一个运动通过的距离之比。

这里将"速度"之比通过运动距离之比联系起来,就好像速度本身是可以相互比较的独立的量一样。

> 假设 8:对于两个通过相同或相等距离的位置运动,速度与时间成反比,即第一个速度与第二个速度之比等于第二个

---

[1]　Clavelin (1974),p. 65.

[2]　布雷德沃丁的《论连续》写于 1328 年和 1325 年之前,它通过 24 个定义、10 个假设和 151 个结论,详细地分析了几何连续统、物理连续统和时间连续统的本性。他驳斥了当时的一些持数学原子论观点的人的看法,后者认为,连续统由有限或无限个不可分者(indivisibles)所构成。关于这部著作,最深入的探讨见科学史家默多克未发表的博士论文:《14 世纪的几何学与连续统:对布雷德沃丁〈论连续〉的哲学分析》(*Geometry and the Continuum in the 14th Century:A Philosophical Analysis of Thomas Bradwardine's Tractatus de Continuo*,Ph. D. thesis,University of Wisconsin,1957)。默多克并没有单纯按照现代哲学和数学(比如康托尔和戴德金等人的学说)来考察《论连续》,而是注意到了它反驳原子论者的初衷,在更深的哲学、逻辑背景中讨论此著作。

速度(即运动)的时间与第一个速度(即运动)的时间之比。①

　　无论如何,速度一旦成为独立的强度量,它便与运动同延
(coextensive),人们可以直接分析具体位置运动的时空结果。牛
津计算者(以及巴黎学者)都赋予了"速度变化"概念以精确的含
义,因此可以把速度变化当成运动变化的原因和解释来处理。这
使得研究非匀速运动成为可能。②

　　不过,这时速度仍然是一个准物理对象,因为它只是对位置运
动与质变相类似这一直觉事实的哲学表达。由于缺少比的极限的
概念(这个概念直到几个世纪之后才在微积分中发展起来),中世
纪学者还只能借助用距离来表示的均匀速度来定义或度量瞬时速
度。比如,海特斯伯里就把瞬时速度定义为在一定的时间间隔内,
一个点或物体以与该瞬间相同的速度匀速运动一定的距离。③ 从
速度还不能表示成距离与时间这两个不同类型的量之比,再到瞬
时速度作为 ds/dt 的极限这一现代观念,作为强度量的速度概念
是一个重要过渡。④

---

　　① Clagett (1959),pp. 230-231, 233. 这两个假设的拉丁语原文是:7. *Omnium
duorum motuum localium eodem tempore vel equalibus temporibus continuatorum
velocitates et spatial illis pertransita proportionales existere, i. e., sicut una
velocitatum ad aliam ita spatium per unam velocitatem pertransitum ad spatium per
aliam pertransitum. 8. Omnium duorum motuum localium super idem spatium vel
equalia deductorum velocitates et tempora proportionales econtrario simper esse, i. e.,
sicut velocitas prima ad secundum ita tempus secunde velocitatis ad tempus prime.*

　　② Clavelin (1974),p. 66.
　　③ 参见第八章。
　　④ Clagett (1959),pp. 217-218.

2. 总速度与瞬时速度

牛津计算者区分了两种不同的速度概念:

(1)总速度(*velocitas totalis*)、量的速度(quantitative velocity)或广度意义上的速度,指在一定时间内(如选定为一个小时)通过的距离,或者更一般地说,是在一定时间内获得的质、量、位置上的"完满"。这里重要的是在这段固定的时间内通过的距离,至于运动是均匀的还是非均匀的则无关紧要。

(2)瞬时速度(*velocitas instantanea*)、质的速度(qualitative velocity)或强度意义上的速度,即速度在每一瞬间的强度。[1]

有时,这种区分被表述为运动的质(*qualitas motus*)或运动的强度(*intensio motus*)和运动的量(*quantitas motus*),前者即为速度,后者即为通过的距离。[2]

这种区分来源于形式的增强和减弱问题。事实上,由于质都是分布于基体中的,有一定的广度,所以这种量上的偶性也间接为质的量化或度量提供了基础。由此就产生了对质的两种度量,一种基于广度,一种基于强度。经院哲学家很早就明确区分了质在某一基体中的强度与广度。据克拉盖特考证,这种质在强度意义上与广度意义上的区分,最初表达为质的"无形量"(*quantitas*

---

[1]　Maier(1958),p. 148. 还可参见 Maier(1951),pp. 111-113 和 Clagett (1959),p. 213 中所引的布雷德沃丁的两段话.

[2]　不过,14 世纪学者的术语往往很模糊,有时 *motus* 有时指"运动",有时指"速度";*intensio* 有时指"增强",有时指"强度"。这需要我们具体情况具体对待。参见 Clavelin(1974),p. 65。

virtualis)与质的"有形量"（*quantitas corporalis*）或"维度量"（*quantitas dimensiva*）之间的区分。比如,强度的热（即现在所说的温度或现代的质量）与广度的热（即物体中总的热或热量）之间的区分,广度的重量（即总重量）与强度的重量（即比重）之间的区分,等等。进而,"广度的"力与"强度的"力得以区分,类似于现代的压力与压强。[①]

3. 动力学与运动学的区分

虽然杰拉德已经提出了纯粹的运动学问题,但动力学与运动学之间的明确区分却是牛津计算者做出来的。需要注意的是,运动学不仅涉及布雷德沃丁所讨论的位置运动,而且也涉及海特斯伯里等人讨论的质变和量变。

在哲学上,这一区分可见于奥卡姆对一个古老争论的尝试解决。这一争论涉及对运动的定义,阿威罗伊等人主张用力来定义运动,阿拉伯哲学家阿维帕塞（Avempace）、阿奎那等人则认为应当通过运动的结果来定义运动。在对这个问题的处理中,奥卡姆认识到了两者各有所长。科学史家穆迪在概括奥卡姆在这方面的贡献时说:

> ……尽管奥卡姆捍卫圣托马斯的观点,即位置运动是时间性的,因为介质是有广度的,但他否认这一关于运动的运动学定义构成了对力的一种定义和度量……奥卡姆对阿威罗伊

---

① Clagett（1959）, p. 212.

和阿维帕塞之间争论的讨论和解决……对近代力学的发展具有重要的理论意义。因为奥卡姆把一个基本区分引入了我们的力学:一方面是"在运动"(being in motion)的条件,另一方面是在被力作用的意义上"被推动"(being moved)的条件。运动学问题清晰地与动力学问题区分开来。阿维帕塞已经看到,运动被运动学定义为在时间中通过的广度大小(extended magnitude),而与物质阻力无关,但他把这种对运动的运动学分析确立为等价于对推动力的定义和度量。阿威罗伊坚持认为,一种合理的力或推动力的概念在于对有物质阻力的物体有影响的东西,但他认为如果没有力的作用,运动就是不可能的。奥卡姆第一次把这两位阿拉伯哲学家立场中正确的东西与错误的东西区分开来,并且把阿维帕塞和圣托马斯合理的运动学洞见与亚里士多德和阿威罗伊合理的动力学原理结合在一起。[①]

奥卡姆的理论思考固然重要,但运动学与动力学之间区分的起源却是布雷德沃丁《论运动速度的比》中的相应内容。这一点我们在上一章中已经谈到过。

斯万斯海德则明确区分了根据原因和根据结果度量运动。[②]

---

① E. A. Moody, "Ockham and Aegidius of Rome," *Franciscan Studies*, vol. 9 (1949), 436-438. 转引自 Clagett (1959), p. 207.

② 有学者清醒地认识到,用近代的运动学和动力学的区分来解释 *motus quoad effectum* 和 *quoad causam* 的区分是有问题的,因为后一区分经常用于质变而不是位置运动。在位置运动中,原因(推动力和阻力)与结果(一段时间内通过的距离)的种类是不同的,而在质变中却不是这样(热产生热,冷产生冷)。参见 Murdoch (1974), p. 57。

他曾说：

> 应当着力研究，在任何运动中，速度是如何根据原因（*penes causam*）和根据结果（*penes effectum*）被度量的（*penes quid attendatur*）……首先应当注意的是根据原因对运动速度的度量。为此，一般应当注意，在任何运动中速度的相继是通过推动力与阻力的比例而因果地被度量的……在一般地讨论了在任何运动中的速度根据原因的度量之后，现在我们应当看一看它在结果方面的度量。为此应当知道，有些位置运动是均匀的，有些是非均匀的。就均匀的位置运动而言，应当知道，其速度是通过移动最快的点在某一时间内所描出的线来度量的……①

在《论位置运动》（*Tractatus de motu locali*）中，斯万斯海德也给出了类似陈述：

> 正如我们以前曾经说过的，我们将运动的速度因果地定义为，根据推动力与阻力的比例这一充分的原因，一个相应的结果齐一地产生出来，于是我们现在将会看到，运动速度在结果方面应当根据什么来度量……就位置运动而言，关于其速度的度量，（我们说它是）通过移动最快的点以这一速度在（某

---

① Clagett（1959），p. 208. 这段话是在《算书》之后的关于运动的一个片段。

一)时间内描出的最大的线(*而被度量的*)。[1]

通过引入"根据结果"(*penes effectum*)的说法,即速度如何通过结果来度量,14 世纪的经院自然哲学家已经向前迈出了重要一步。要知道,牛顿力学的成功正在于将"根据原因"与"根据结果"联系在一起。我们这里已经有了一个典型的近代"物理"定义,它不再给出一种本体论的基本含义,而是指出这一需要定义的对象元素如何来度量。回答是:速度通过走过的距离来度量,通过获得或失去的质的强度来度量,通过获得的体积变化大小来度量。它们实际上是可以通过量来把握的,甚至在一定程度上可以直接测量,虽然他们根本没有尝试这样做。[2]

4. 对运动学术语的定义

在对运动学问题进行分析的过程中,牛津计算者确立了一套运动学术语。不过在不同学者那里,或者在不同著作中,这些术语的用法不尽相同。其中一些术语及其现代的近似说法见表 6-1。

表 6-1　运动学术语古今对照[3]

经院术语	现代的近似说法
运动(*motus*)	运动。有时指速度(以下均指没有矢量涵义的)。

---

[1]　Clagett (1959), p. 209.

[2]　Maier (1955), p. 398.

[3]　Clagett (1959), pp. 210-212.

续表

经院术语	现代的近似说法
速度（*volocitas*）	速度。虽然被认为可以量化，但并不定义成两个不相似量之比。
运动的质（*qualitas motus*），运动的强度（*intensio motus*）或速度的强度（*intensio volocitatis*）	速度（不考虑连续性或在时间中的延续）。在非均匀运动的情况下指瞬时速度（不被定义成比的极限）。
运动的量（*quantitas motus*）或总速度的量（*quantitas totalis velocitatis*）	给定时间段内的速度，由在这段时间内通过的距离来度量。
运动的度（*gradus motus*）或速度的度（*gradus velocitatis*）	一般来说指运动的质或强度的数值大小。非均匀运动的情况下指瞬时速度的大小。
瞬时速度（*velocitas instantanea*）	瞬时速度（不被定义成比的极限）。有时瞬时速度的大小由一个移动点在给定时间内以在指定瞬间所具有的速度匀速运动所描出的路径来确定。
运动的幅度（*latitudo motus*）或速度的幅度（*latitudo velocitatis*）	严格意义上，指速度的正增量或负增量。非严格意义上，指两个端点速度之间所有"速度的度"的整体。
均匀运动（或均匀速度）（*motus uniformis*），由在任何相等的时间段内通过相等的距离来度量	匀速。
运动的增强和减弱（*intensio et remissio motus*）	加速（与速度的增量相关联时）。强度的度（在静态地用于区分强度和广度时）。
均匀地非均匀运动（*motus uniformiter difformis*），被定义为在任何相等的时间段内获得相等的速度增量。	匀加速运动。
均匀地非均匀地非均匀运动（*motus uniformiter difformiter difformis*）	均匀变化的加速运动，即在任何相等的时间段内获得相等的加速度增量。

　　了解这些运动学术语的常见用法有助于我们对后面内容的理解。我们可以看到,它们对于近代物理学的影响是显然的,但其烦琐和混乱也使得伽利略等人不得不努力进行澄清,或是另起炉灶,重新建立一套术语体系。

第七章　牛津学派:布雷德沃丁的定律

　　布雷德沃丁的《论运动速度的比》是"计算"方法的代表作之一。在这部著作中,布雷德沃丁对亚里士多德关于力、阻力和速度之间关系的数学表述的准确性提出了质疑。他将严格的比例论方法运用到动力学领域,试图找到一个能够表示推动力、阻力和速度之间关系的精确的数学法则。用他的话说就是:"弄清楚运动速度的比相对于推动力和阻力的正确观点。"[①]他在《论运动速度的比》中给出了一个运动定律,用现代术语来说就是,随着推动力 F 与阻力 R 之比几何地增加,速度 V 算术地增加。

　　有学者指出,布雷德沃丁的定律或许来源于中世纪的医学和药理学,在这一领域有与此问题相似的一个问题,即复合药物中各个变量的关联及其效应。中世纪的复合药物理论一般考虑至少两种变量:一是复合药物的内部构成(比如其中包括的热和冷),二是药物可能对病体产生的净效果。金迪、阿威罗伊等学者之间的分歧在于这些变量之间的精确关系到底是怎样的。维拉诺瓦的阿纳尔德在《度的格言》一书中,根据金迪、阿威罗伊等人的论述提出了

---

　　① 这句话的拉丁文原文是:*veram sententiam de proportione velocitatum in motibus, in comparatione ad moventium et motorum potentias, manifestat.* 参见 Crosby (1955),p. 64。

一种复合药物的量与它对病体所产生的效力之间的一种数学关系，认为药物所产生的效力随着两种相反的质之比的几何增加而算术增加。例如，倘若一种药物所包含的热的部分与冷的部分之比为 1：1，那么这种药物就不会对病人产生冷或热的效应；如果热的部分与冷的部分之比为 2：1，那么这种药物就会产生 1 度的热的效应；如果热的部分与冷的部分之比为 4：1，那么就会产生 2 度的热的效应；类似地，8：1 的热与冷之比会产生 3 度的热；16：1 的热与冷之比会产生 4 度的热。这显然与布雷德沃丁的定律有类似之处，也许对后者产生了影响。但是即便如此，也不能认为布雷德沃丁仅仅是简单地将药理学中的定律拓展到了对运动的研究中，因为他以一种前所未有的方式发展了布雷德沃丁定律或函数背后的数学，在他从波埃修和欧几里得那里学到的比例论的背景中进行讨论。[①]

　　虽然这是一个动力学定律，但它鲜明地体现了数学在自然哲学中的应用，与运动学有着密切的关系。与格罗斯泰斯特、罗吉尔·培根等早期英国学者一样，布雷德沃丁也非常强调数学的重要性。布雷德沃丁在《论连续》中说：

　　　　正是（数学）解释了每一个真正的真理，因为它知道每一个隐藏的秘密，保有学问的每一个微妙之处的钥匙；如果谁狂妄地在忽视数学的情况下学习物理学，那么他从一开始就应

---

　　① 　Murdoch（1975c），p.227.关于布雷德沃丁的定律与药理学的关系，学术界已有许多讨论，比如参见 McVaugh（1967）。

当知道,他永远也无法进入智慧之门。[1]

在这方面,布雷德沃丁对科学的贡献至少体现在两个方面:
①他用数学公式表示了与其他得到广泛接受的定律或观察不相抵
触的物理定律,即通过数学使物理学获得了自身的一致性;②通过
引入数学分析,为物理过程的定量测量打好了基础,预示了伽利略
对数学与实验观测的结合。[2] 他试图为动力学的基本原理找到准
确的函数方程,并用它来表示瞬时变化,而不是此前的在一段时间
中完成的变化,这为无穷小演算的概念做了准备。[3] 还有学者强
调了布雷德沃丁对数学本身的贡献。在布雷德沃丁之前,表示物
理变量之间关系的往往只包含算术比例(arithmetic proportion)
和几何比例(geometrical proportion)[以及在极少情况下使用的
调和比例(harmonic proportion)],但在布雷德沃丁之后,就有了
一种新的比例。[4]

事实上,布雷德沃丁在《论运动速度的比》中并非仅仅讨论了
动力学定律,他也讨论了运动学的内容。而且在他这里,动力学与
运动学的区分已经相当明显。

---

①   Weisheipl (1959b),p. 446.

②   Crosby (1955),pp. 16-17.

③   Wallace (1981),p. 38.

④   Sylla (1970),p. 62.

一　《论运动速度的比》的主要内容

按照亚里士多德的理论，要求推动者和运动者必须发生连续接触就意味着，推动力和阻力必须同时存在。但是，推动力、阻力以及在给定时间内通过的距离之间的关系如何呢？根据亚里士多德在《物理学》①和《论天》②的论述，他所说的规则可以表述为：同样的力将在一半的时间里使同样的物体以两倍的速度移动一半的距离，或者一半的力将在同样的时间里使半个物体移动同样的距离。反过来却并不一定成立，即一半的力将使同样的物体以一半的速度移动同样的距离，或者同样的力使两倍的物体以一半的速度移动同样的距离，因为只有推动力大于阻力，运动才能够发生。③

虽然亚里士多德讨论的都是加倍和减半的例子，但如果把他所说的这些情况一般化，我们或可总结出亚里士多德基本的运动定律，那就是在推动力足以克服阻力的情况下，物体的速度正比于推动推动力与阻力之比。在虚空中，由于介质密度为零，阻力为零，因此运动将会瞬间发生。而这在亚里士多德看来是不可能的，所以虚空不存在。

---

① Aristotle, *Physics* IV, 216ª15-17；IV, 215ª24- 215ᵇ10；VII, 249ᵇ30-250ª28.
② Aristotle, *On the Heavens* I, 273ᵇ30-274ª2.
③ 虽然这些表述代表了一种量化的动力学的开端，或者说对运动进行数学分析的开端，但它显然不涉及一种精确的、量的陈述，特别是对力的度量。从根本上说，亚里士多德的物理学是一种质的物理学，量只是世界的一个方面，质无法完全还原为量。

我们可以用一个现代公式将亚里士多德关于力 F、阻力 R、速度 V、距离 S、时间 T 之间关系的论述方便地表示成：

$$V \propto \frac{S}{T} \propto \frac{F}{R}$$

需要注意的是，$V \propto \dfrac{F}{R}$ 这一函数表述并不能忠实地表达亚里士多德的运动定律，这是因为：

（1）由于希腊数学坚持不同种类的量之间不能相互比较，所以根本不可能把速度定义为距离与时间之比。亚里士多德所遵循的仍然是欧几里得在《几何原本》中提出的比例论，认为只有两个同类的量之间才能谈比例。而且亚里士多德所说的 T 是指整个运动的总时间，S 指总距离。这样，在相应时间内，物体实际上既有可能匀速运动，也可能发生速度变化。而亚里士多德所说的自然运动和受迫运动的速度都会发生改变，所以他这里想到的很可能并不是匀速运动。

（2）当 F 小于或等于 R 时，这个公式并不适用，因为此时运动并未发生。本来单纯从数学上考虑，这个定律总会给出一个正速度，以致无论多么小的力都能克服任意大的阻力，使物体运动。

虽然亚里士多德称，速度按照推动力与阻力之比而变化（即速度正比于推动力与阻力之比），但根据克罗斯比的考证，按照古代和中世纪的理解，这里的"比"（$\acute{\alpha}\nu\alpha\lambda o\gamma\acute{\iota}\alpha$, *proportio*, proportion）其实并不完全是今天所说的"比"的意思，而更像是今天所说的"函数"。也就是说，速度与推动力和阻力的关系仍然悬而未决，它的含义差不多相当于速度可能是推动力与阻力之差的函数，也可能是推动力与阻力之商（即真正意义上的"比"）的函数，还可能是别的某种函数。[①] 再加上 F 必须大于 R 这一条件,如何正确表述亚里士多德关于推动力、阻力和速度(用给定时间内通过的距离表示)的关系,如何将运动速度的变化与原因(即确定这些速度的推动力和阻力)的变化正确地关联起来,便成为亚里士多德之后哲学家的任务。这种关系必须满足以下条件:如果推动力大于阻力,那么速度就取决于两者之比;如果推动力小于等于阻力,速度就为零。早在古代晚期,就有一些希腊的评注者[如 6 世纪的菲洛波诺斯(John Philoponus)]做过这样的努力。在中世纪,也有一些伊斯兰学者重复了这些工作。在《物理学》和阿威罗伊的评注被翻译成拉丁语之后,中世纪的拉丁学者知道了亚里士多德表述中归结出来的原始"定律"以及菲洛波诺斯等人的批评,并就此展开了许多讨论。不过,他们大都只是重新表述了亚里士多德的看法,举的例子也都是加倍、减半的特殊情形。在这些问题上,13、14 世纪的《物理学》评注者都尽量与亚里士多德保持一致。[②] 直到 1328 年布雷德沃丁写出了《论运动速度的比》,整个局面才有了重大变化。

《论运动速度的比》共分四章。第一章介绍了计算比的数学技巧,第二章列举了四种错误观点,第三章提出了自己的正确理论,第四章证明了圆周运动速度的比的某些性质,以及其他一些技术性问题。

在《论运动速度的比》的导言部分,布雷德沃丁提出了写这部著作的目的就是要研究运动或运动速度之间的比:

---

① Crosby (1955),p. 14.
② Lindberg (1978),p. 224.

由于任何相继的运动都在速度上彼此成比例。因此,讨论运动的自然哲学不应当忽视运动和运动速度的比。由于这方面的知识既必需又非常困难,而且不曾为任何一个哲学分支所详细讨论,因此我们写下了这部讨论运动速度的比的著作。①

在探讨过程中,数学知识是不可或缺的:

正如波埃修在其《论算术》(*Arithmeticae*)的第1卷中所指出的,忽视数学知识的人将破坏一切哲学学说,所以我们首先要确定解决目前任务所需的数学,从而使这一学说更为简单,并且更易为研究者所理解。②

在《论运动速度的比》的第1章中,布雷德沃丁定义了"比"(*proportio*,proportion)、比的类型以及"比例"(*proportionalitas*,proportionality)③,并且给出了几条公理。"比"的定义分为广义和狭义:

任何比都可以在广义和狭义两方面来理解。广义上的比

---

① Crosby(1955),p. 64.

② 同上。

③ 英文用proportion来翻译拉丁词*proportio*,但它实际上指的是两个量之间的关系,类似于英文中的ratio;英文用proportionality来翻译拉丁词*proportionalitas*,它实际上指三四个量之间的关系,类似于英文中的proportion。根据这种含义上的差别,我们一般把*proportio*译为"比",而将*proportionalitas*译为"比例"。

存在于一切能够被称为相等、多少、相似、大小的事物之间。事实上，它存在于任何可以作某种比较的事物之间，它也许可以这样来定义：比就是一件事物与另一事物之间的关系，相对于它这两件事物可以进行比较。

　　而在狭义上，比只存在于量与量之间，定义如下：比就是两个同一类型的量之间的关系。[①]

比可以分为"有理的"和"无理的"，"相等的"和"不等的"，等等。而根据波埃修的《算术》第 2 卷，"比例"[②]没有单一的定义，而是分成十类。其中，最常用的有三种，即算术比例、几何比例以及调和比例。[③] 以三个量 A、B、C 为例，说它们成算术比例，就是指 A－B＝B－C；说它们成几何比例，就是指 A/B＝B/C；说它们成调和比例，就是指 A/C＝（A－B）/（B－C）。总之，第一章给出的都是像这样的数学预备知识。

　　在《论运动速度的比》的第 2 章中，布雷德沃丁先是提出了四种错误的理论：[④]

　　（1）运动速度之比按照推动者的力超过被推动者的力之差而变化。[⑤]〔这种观点可以用现代的记法表示成：$\dfrac{V_2}{V_1} = \dfrac{F_2 - R_2}{F_1 - R_1}$，其中

---

① Crosby（1955），p. 66.

② 在波埃修的《算术》和《音乐》中，"比例"被称为"*medietas*"。

③ Crosby（1955），p. 72.

④ Crosby（1955），pp. 86-110；Grant（1974），pp. 292-302.

⑤ 这句话的拉丁语原文为：... *proportionem velocitatum in motibus sequi excessum potentiae motoris ad potentiam rei motae.*

V 是速度,F 是推动力,R 是阻力。或者表示为,$V \propto F - R$。持有这种观点的有菲洛波诺斯(布雷德沃丁不可能知道他,因为他的相关著作没有被译成拉丁文)和阿维帕塞(其观点有可能经由阿威罗伊对《物理学》第 4 卷的评注的引用而为布雷德沃丁所知),此外,伽利略青年时也持有这一观点。]

(2)运动速度之间的比按照推动力超过被推动者的力之差的比而变化。[①] [这种观点可以用现代的记法表示成:$\dfrac{V_2}{V_1} = \dfrac{\dfrac{F_2 - R_2}{R_2}}{\dfrac{F_1 - R_1}{R_1}} = $

$\dfrac{(F_2 - R_2)R_1}{(F_1 - R_1)R_2}$。或者表示为,$V \propto \dfrac{F - R}{R}$。在布雷德沃丁之前,这一理论似乎找不到支持者,布雷德沃丁只是说它基于阿威罗伊对《物理学》第 7 卷的评注 36。只有在他之后的乔万尼·马里亚尼(Giovanni Marliani)持有这种观点。]

(3)(在推动力保持恒定的情况下)运动速度的比按照阻力的比而变化,(在阻力保持恒定的情况下)运动速度的比按照推动力的比而变化。[②](这种观点可以用现代的记法表示成:当 $F_1 = F_2$ 时,$\dfrac{V_2}{V_1} = \dfrac{R_1}{R_2}$;当 $R_1 = R_2$ 时,$\dfrac{V_2}{V_1} = \dfrac{F_1}{F_2}$。或者表示为,$V \propto \dfrac{F}{R}$。布雷

---

① 这句话的拉丁语原文为:... *proportionem velocitatum in motibus sequi excessus potentiae motoris super potentiam rei motae.* 用拉丁语表述的时候,这种观点与第一种观点几乎没有区别,只能依靠布雷德沃丁所给出的具体例子来说明。

② 这句话的拉丁语原文为:... *proportionem velocitatum in motibus*(*manente eodem motore vel aequali*)*sequi proportionem passorum,et*(*manente eodem passo vel aequali*)*sequi proportionem motoris.*

德沃丁发现,这几乎就是传统上认为的亚里士多德的观点。布雷德沃丁认为这种观点存在着两个困难。①它是不充分的,因为只有在推动者相同或相等,或者运动者相同或相等的情况下,它才能确定运动速度的比。推动者和运动者都发生改变的情况无法处理。②它是不正确的,因为它暗含着任何运动者可以被任何推动者推动。它没有考虑到只有当推动力大于阻力的情况下,运动才可能发生。也就是说,因为如果我们从一个固定的 $F_1 > R_1$ 开始,连续加倍阻力,即 $R_2 = 2R_1$,$R_3 = 2R_2$……那么如果保持 F_1 恒定,则在某一点 $R_n > F_1$,而基于 $V \propto \dfrac{F}{R}$,仍会得到 V 的某个值,但这便违反了只有当 $F > R$ 时运动才能发生的假定。因此,$V \propto \dfrac{F}{R}$ 是不能接受的。)

（4）推动力与阻力之间既没有任何比,也没有任何超过关系。因此,运动速度的比不是按照推动力与运动者的力之间的比或超过而变化,而是按照推动者对运动者的某种"自然优势"而变化。[1]（这种观点是说,推动力和阻力都是不可度量的,因此无法作量的比较。布雷德沃丁是通过引述亚里士多德和阿威罗伊的大量相反论述来反驳这一观点的。)

在逐一批判了这些观点之后,在《论运动速度的比》第 3 章的开头,布雷德沃丁提出了第五种观点,也就是他自己的理论：

[1]　这句话的拉丁语原文为：*nulla est proportio nec aliquis excessus potentiae motivae ad potentiam resistivam, et ideo proportio velocitatum in motibus non sequitur aliquam proportionem nec excessum potentiae motivae ad potentiam mobilis, sed quodam dominium et habitudinem naturalem motoris ad motum.*

运动速度的比按照推动者的力与被推动者的力的比而变化。[1]

或者接下来定理一的表述：

运动速度的比按照推动力与阻力的比而变化，反之亦然。或者用另一种方式表达同样的意思：推动力与阻力的比的比（*proportionem potentiarum moventium ad potentias resistivas*）等于它们各自运动速度的比。这应当在几何比例的意义上来理解。[2]

对现代读者来说，这段话显得非常含混不清，很难弄明白布雷德沃丁表达的到底是什么意思，以及应该如何用符号来表示它的结论。是迈尔最先认识到了布雷德沃丁《论运动速度的比》的真正意义。在《14世纪物理学中的函数概念》这篇奠基性的论文中，她第一次揭示了布雷德沃丁写作这部著作的真实意图。[3] 初看起

---

[1]　Crosby（1955），p. 110；Grant（1974），p. 302. 这段话的拉丁原文为：*proportio velocitatum in motibus sequitur proportionem potentiae motoris ad potentiam rei motae.*

[2]　Crosby（1955），p. 112；Grant（1974），p. 303. 这段话的拉丁原文为：*Proportio velocitatum in motibus sequitur proportionem potentiarum moventium ad potentias resistivas, et etiam econtrario. Vel sic sub aliis verbis, eadem sententia remanente: Proportiones potentiarum moventium ad potentias resistivas, et velocitates in motibus, eodem ordine proportionales existent, et similiter econtrario. Et hoc de geometrica proportionalitate intelligas.*

[3]　Maier（1949），pp. 81-110.

来,它似乎只是重新表述了亚里士多德的陈述。然而,根据布雷德沃丁接下来引用的例子,我们发现,他的意思其实是,随着推动力与阻力之比几何地增加,速度算术地增加,即它们的关系可以理解成:

$$\frac{F_2}{R_2} = \left(\frac{F_1}{R_1}\right)^{\frac{V_2}{V_1}} \text{ 或 } \left(\frac{V_2}{V_1}\right) = \log_{\frac{F_1}{R_1}}\left(\frac{F_2}{R_2}\right), \text{其中}\left(\frac{F_1}{R_1}\right) > 1。$$

或者可以用现代术语将它表示成一种指数关系:[①]

$$V = \log_a \frac{F}{R}\left(\text{其中 } a = \frac{F_1}{R_1}\right)$$

也就是说,$V/n, \cdots\cdots, V/3, V/2, V, 2V, 3V, \cdots\cdots, nV$ 对应着 $\left(\frac{F}{R}\right)^{\frac{1}{n}}, \cdots\cdots, \left(\frac{F}{R}\right)^{\frac{1}{3}}, \left(\frac{F}{R}\right)^{\frac{1}{2}}, \frac{F}{R}, \left(\frac{F}{R}\right)^2, \left(\frac{F}{R}\right)^3, \cdots\cdots, \left(\frac{F}{R}\right)^n$。要想减半一个速度,就必须用 $\frac{F}{R}$ 的平方根,加倍一个速度,必须用 $\frac{F}{R}$ 的平方;要想将一个速度降为原先的三分之一,必须用 $\frac{F}{R}$ 的立方根,使一个速度增为原先的三倍,必须用 $\frac{F}{R}$ 的立方。

我们看到,布雷德沃丁已经部分解决了他的问题,即只要满足初始条件 $F_1 > R_1$,那么无论速度如何减小,也永远不可能出现 $R > F$ 的情况;如果 $F = R$,那么 $V = 0$;如果 $F_1 < R_1$,运动不可能发生,这些都符合亚里士多德的表述。于是,布雷德沃丁最重要的成就在于发现了支配速度、力和阻力之间的一种数学关系,它能够比别的理论更好地满足亚里士多德—经院哲学对运动的假定。而且

---

① Maier (1949), p. 92; Clagett (1959), p. 439.

他所探讨的速度是瞬时意义上的，而不是此前哲学家们所说的在某一时间内走过的总距离。显然，瞬时速度的概念对于近代力学的发展是至关重要的。

自迈尔的工作发表以来，这种用指数或对数表达布雷德沃丁定律的方式已经被大多数科学史著作所采纳。然而，假如这果真是布雷德沃丁所要表达的意思，那么他为何要用如此含混不清的语言来表述呢？而且他又为什么首先想到的是这种复杂的关系呢？正是由于后世的科学史家的不懈努力，终于弄清楚布雷德沃丁的本意其实并不像我们想象得那样复杂。这里最关键的是要了解中世纪表达比例的一些术语。

欧几里得《几何原本》第5卷阐述的欧多克斯的比例论包含着用比进行"计算"的可能性。例如，《几何原本》第5卷的定义9和10提出了"复比"的概念。[①] 这是一种将比相乘的方法，它包含着用比进行计算的可能性。这一概念和它所使用的术语在中世纪数学中扮演着重要角色。例如，如果 $A/B = B/C = C/D$，那么 A/C 就被称为 A/B 的二倍（duplicate），A/D 被称为 A/B 的三倍（triplicate）。类似的还有其他许多专门的比例术语。中世纪所说的"增大或减小比"其实对应着我们所说的"比的相乘或相除"。例如，"把 $4:1$ 增大到它的2倍"就对应着把 $4:1$ 与它自身相乘，即 $16:1$。"把 $9:1$ 减半"就对应着取其平方根，即 $3:1$。在中世纪的术语中，"比的相乘或相除"被称为"比的复合"或"比的相加或相

---

① 定义9说：当三个量成比例时，第一个量与第三个量之比是第一个量与第二个量的二倍比（duplicate ratio）；定义10说：当四个量成连续比例时，第一个量与第四个量之比称为第一个量与第二个量的三倍比（triplicate ratio）。无论量的多少，依此类推。

减"。例如,如果把 3∶2 与 2∶1"相加",得到的比是 3∶1。因此也可以说,3∶1 是 3∶2 与 2∶1 的复合。

如果我们明白了这些表示比的术语,那么就会对布雷德沃丁的解决方案有更充分的理解。关键在于,我们现代所说的一个比的"平方"和"平方根",在中世纪的学者那里被分别表述成,这个比被"加倍"或"减半"。如果知道这一点,布雷德沃丁的表述就显得相当简单和直接了。他想表达的无非是:速度随着推动力与阻力之比的增加减少而增加减少。要想使速度加倍,就要使推动力与阻力之比加倍;要想使速度减半,就要使推动力与阻力之比减半。虽然我们注意到,将一个比加倍或减半就等同于取它的平方或平方根,但这样一种补充对布雷德沃丁是不必要的,因为对他来说,将一个比加倍或减半的含义是很清楚的。将 A/B 加倍就是$(A/B)^2$,而不是 $2(A/B)$。难怪布雷德沃丁会认为自己的理论是对亚里士多德观点的正确解释。正如科学史家莫兰德所指出的:"布雷德沃丁选择了他所能找到的最不复杂的表达,因为只要条件被满足,什么能比速度正比于推动力与阻力之比更简单呢?"[①]

需要注意的是,这里的度量或定量比较不是通过使用常数和单位进行的,而是通过比例论进行的。布雷德沃丁的目标不是根据给定的推动力与阻力之比来计算速度,或者根据给定的速度和给定的阻力来计算推动力,而是将速度的变化(以速度的比来表示)与相应的推动力与阻力之比的变化(表示为比的比)作

---

① Molland (1968), p. 120.

比较。①

还要特别注意,我们对布雷德沃丁定律的所有这些解释都远远超出了《论运动速度的比》的文本内容。算术地增加、几何地增加、函数的指数特征,这些概念虽然可以将布雷德沃丁的意图很好地翻译成我们的思维方式,但同时也可能产生误导。因为布雷德沃丁不可能理解指数是什么意思,而且当我们说布雷德沃丁的"函数"包含指数时,也会掩盖他的表达方式的相对简单性。再者,布雷德沃丁用来表达他的函数的例子仅仅涉及加倍和减半,所以它事实上离一般性的指数函数还很远。

在第 4 章中,布雷德沃丁讨论了"相对于被推动物体大小(magnitudes)的速度和相对于所通过距离(*spatii pertransiti*)的速度",这其实是关于运动学的讨论。在第一部分中,布雷德沃丁给出了一些必要的定义、公理和定理。在第二部分中,他先是提出并抛弃了三种关于位置运动速度的比的观点,即:

(1)位置运动速度之比按照各自物体在相同时间内通过的空间体积的比而变化。

(2)位置运动速度之比按照各自物体在相同时间内通过的表面的比而变化。

(3)对于相等的直线在相同时间内的运动,通过较大表面空间且走向更远目标者运动较快,通过较小表面空间且走

---

① Lindberg (1978),pp. 230-231.

向更近目标者运动较慢,通过相等的表面空间且走向相等目标者运动速度相等。[①]

然后,布雷德沃丁给出了自己的观点:

(4) 位置运动的速度通过物体上运动最快的点的速度来度量,因为运动速度在于,物体在短时间内通过一段大的静止空间(它或者是真实的,或者是想象的)。[②]

布雷德沃丁说,根据对前三种观点的反驳,既然这段"静止空间"或"固定空间"(*spatium fixum*)不是体积,也不是表面,所以它必定是直线。[③] 这段话的重要意义我们很快就会认识到。

根据第 3 章和第 4 章的内容我们看到,布雷德沃丁不仅讨论

① Crosby (1955),p.129. 这三种观点的拉丁语原文分别为:①... *proportionem motuum localium in velocitate esse tamquam spatiorum situalium corporeorum eodem tempore descriptorum*. ②... *proportionem motuum localium in velocitate esse sicut proportionem superficierum eodem tempore descriptarum*. ③... *linearum rectarum aequalium temporibus aequalibus motarum, quae pertransit maius spatium superficiale et ad maiores terminos moveri velocius, et quae minus et ad minores terminos tardius, et quae aequale et ad aequales terminos aequevelociter moveri supponit*.

② Crosby (1955),p.130. 拉丁语原文为:... *velocitas motus localis attenditur penes velocitatem puncti velocissime moti in corpore moto localiter, quia velocitas motus est ex eo quod mobile pertransit magnum spatium quiescens in parvo tempore, et hoc vel verum vel imaginatum*.

③ Crosby (1955),p.130.

了推动力与阻力之间的可变的比,而且也讨论了距离与时间之间的可变的比。前者对应于动力学,后者对应于运动学。即使是在把运动的这两个方面联系成一个定律时,布雷德沃丁也使动力学与运动学开始区分开来。

值得注意的是,《论运动速度的比》的第 4 章通常不太受科学史家关注,因为一般认为,在第 3 章中给出了自己的正确解答之后,布雷德沃丁的主要工作已经完成了。但事实上,第 4 章的内容非常重要,因为它表明布雷德沃丁希望发现一种同时适用于天和地的运动学。根据亚里士多德的看法,直线运动和旋转运动的速度是不同种类的运动,它们的速度无法比较,因为一条线和一个圆是无法公度的,也是不同种的。但布雷德沃丁却试图通过对旋转运动的速度进行定义,使之能够与直线运动的速度进行比较。由于任何位置运动的速度都是通过物体上运动最快的点的速度来度量的,而且运动速度就是物体在一定时间内通过的直线距离,所以球形旋转体的速度也是通过球体上的一个点所描出的最大直线间距来确定的。这里我们可以看到奥卡姆关于从属科学的看法对布雷德沃丁的影响。于是,天球运动的速度就是如果行星沿直线运动而不是沿圆周运动所具有的速度。这使得布雷德沃丁能够在某种意义上对地上的直线运动和天上的旋转运动进行比较。[1] 正是在这个意义上,迈尔才会说,"我们几乎可以说,布雷德沃丁想写出他那个世纪的《自然哲学的数学原理》。"[2]

---

① Weisheipl (1959b), pp. 447-449.

② Maier (1949), p. 86, n. 10.

二　对布雷德沃丁定律的应用和拓展

布雷德沃丁的《论运动速度的比》问世之后,立即被大多数中世纪学者普遍接受。在 14 世纪下半叶,对布雷德沃丁著作的解释或概括已经成为大学课程的必修内容。牛津计算者力图将所有运动都归结为位置运动,并且根据布雷德沃丁的函数来解释它们的变化。他们意识到了这种一般的数学关系对于表示各种物理过程的意义,不仅把布雷德沃丁的函数用于哲学,而且也用于心理学、伦理学、神学等一切知识领域。在对亚里士多德和《箴言四书》的评注中,我们经常会看到布雷德沃丁的函数。布雷德沃丁的著作还迅速传播到了法国、意大利和整个欧洲,这种影响一直持续到 16 世纪末。在巴黎、帕多瓦和佛罗伦萨,这部著作都被当成了关于速度变化的正确的亚里士多德学说,而且布雷德沃丁的定律逐渐变成了描述一个量以某种方式依赖于另外两个量之比的标准方法,即使所要解决的问题与布雷德沃丁当时所面临的问题毫无共同之处。[1] "只要一个量可以通过另外两个量之间的关系来定义,而且不存在明显的理由支持相反的结论,那么(计算者)就想当然地认为,布雷德沃丁的函数表达了这种关系。"[2]

人们对布雷德沃丁《论运动速度的比》的兴趣也与对其他学者著作的兴趣有关,因为邓布尔顿、斯万斯海德、奥雷姆、萨克森的阿

---

[1]　Maier (1982), p. 157.
[2]　Crosby (1955), p. 13.

尔伯特等学者都对布雷德沃丁的理论有所发展，他们都把比例论运用于亚里士多德的物理学，并且假定布雷德沃丁的定律正确。比如邓布尔顿在其《逻辑与自然哲学大全》的第三部分，第 6、7 章中就给出了对布雷德沃丁函数的一种更为一般的解释。他将布雷德沃丁的定律表达成当时流行的形式幅度语言，即相等的运动（V）幅度总是对应于相等的比（F/R）的幅度，而这些幅度的相应的"阶"（scales），我们分别称之为算术的和几何的。由于邓布尔顿的《逻辑与自然哲学大全》属于综合类的著作，有时甚至取代了亚里士多德的自然哲学著作而被当作教科书[①]，我们能够想见布雷德沃丁定律由此产生的影响。

再比如奥雷姆关于"比的比"的理论，也是以布雷德沃丁的函数为前提的。在《论比的比》（*De proportionibus proportionum*）一书中，奥雷姆不再考虑布雷德沃丁定律中的推动力、阻力、运动速度等物理变量，而仅仅考虑比本身之间的数学关系，并将这种指数关系推广到任何有理和无理指数幂。所谓"比的比"，用现代术语来讲，就是将一个比与另一个比联系起来的指数，即一个比自身相乘而得到另一个比需要的次数。如果 $a/b = (c/d)^n$，那么 n 就是 a/b 和 c/d 这两个比的比。在奥雷姆这里，n 不仅可以是有理数，而且可以是无理数。[②] 奥雷姆证明，任意两个比之间很可能是

---

① Sylla (1986b)，p. 696.

② "比的比"这一术语并非奥雷姆的独创，虽然布雷德沃丁本人并没有用过"比的比"这个术语，但邓布尔顿、布里丹、萨克森的阿尔伯特等人都使用过。因为自布雷德沃丁的著作出现之后，产生了大量关于数学—物理学的讨论，它们都可以归入"比的比"这一名号之下。奥雷姆的原创性在于以欧几里得的比例论为基础，为指数比例奠定了坚实的理论基础。参见 Grant（1960）（1966）。

不可公度的，由此推出天球圆周运动速度的不可公度性，占星术基于对行星相合、相冲的精确确定所作的预言是无效的，从而反驳了占星术的数学基础。

　　而斯万斯海德写于大约 1350 年的《算书》，则代表着中世纪对布雷德沃丁定律最辉煌的应用和发展。《算书》是一部关于"计算"的百科全书，其中几乎包含了 14 世纪在这一领域所取得的一切成就。在《算书》中，斯万斯海德预设了一种亚里士多德主义的物理学，寻求对它的逻辑上恰当、数学上精确的讨论。斯万斯海德之所以出名，主要是因为莱布尼茨熟悉他的著作。莱布尼茨非常尊崇斯万斯海德的《算书》，以至于想对它进行重新编辑。他认为是斯万斯海德第一次把数学引入了经院哲学。他曾在给一个朋友的信中说："我仍然想出版俗称苏依塞特的那位计算者的著作，他把数学引入了经院哲学。"[1] 在《算书》中，斯万斯海德所引用的著作几乎只有一部，那就是布雷德沃丁的《论运动速度的比》。[2] 斯万斯海德以一种彻底地"根据想象"（secundum imaginationem）的方式，列举了涉及幅度和度的各种不同例子来显示他所提出的规则

　　① 这句话的拉丁语原文为：Vellem etiam edi scripta Suisseti vulgo dicti Calculatoris qui mathesin in philosophiam scholasticam introduxit. Leibniz to Thomas Smith，1696. 转引自 Thorndike（1923—1958），vol. 3，p. 390 题注。

　　② 斯万斯海德是这样提到布雷德沃丁的："正如可敬的导师托马斯·布雷德沃丁在其论比例的著作中所清晰说明的……"（ut venerabilis magister Thomas de Berduerdino in suo libro de proportionibus liquide declarat），转引自 Thorndike（1932），p. 224。

能够处理所有的运动变化情况。[①] 他在《算书》的名为"论位置运动"(*De motu locali*)的第 14 章中,最为淋漓尽致地用布雷德沃丁的函数来处理推动力和阻力的各种变化情况。他在这一章的开头就指出,"运动是按照几何比例度量的"(*motum attendi penes proportionem geometricam*),也就是说,他接受布雷德沃丁的定律。接着,他采用严格的公理化方法通过 49 条规则来阐释布雷德沃丁的函数,表明如果布雷德沃丁的理论正确,那么哪些种类的速度(均匀的、非均匀的、均匀地非均匀的)变化对应着哪些种类的推动力和阻力的变化,反之亦然。[②] 例如,如果我们保持 F 恒定而改变 R,或者保持 R 恒定而改变 F,或者随时间均匀地改变 F 或 R,那么速度会如何随之变化。

这其中最著名的一个例子是,他在名为"论元素的位置"(*De loco elementi*)的第 11 章中,把布雷德沃丁的函数应用于一个长杆在宇宙中心(即它的天然位置——地心)附近的运动问题,即假设介质无阻力,那么在自由落体情况下,这根长杆的中心能否到达宇

---

① 迈尔在谈到这种"计算"技巧的应用与 14 世纪的哲学思辨之间的关联时说,在所有领域都有这样一种越来越强的倾向:将遗留下来的问题分解为子问题,致力于任何一种可能的区分,把每一种思维的可能性都推向最终的结论,以获得每一具体事例中最详尽的图像。这与后来近代自然科学的理念恰好相反:中世纪的理念不是把复杂的过程和现象还原为简单的过程和现象,也不是用少数一般性的规则和公式来控制许多单个事件,而是要就复杂性来理解复杂现象本身。现象越复杂,任务就越有趣,问题解决时成就也就越大。由此我们就可以明白,为什么归纳法在经院自然科学中发挥的作用这么小。这不是因为归纳法不为人所知或被拒绝,而是因为经院思想家的科学理念与此相反。Maier (1952), p. 276.

② Murdoch and Sylla, "Swineshead", in Gillispie (1970—1980), vol. 13, p. 201.

宙的中心。因为根据亚里士多德的运动学说,长杆通过宇宙中心的部分会被看成对其连续运动的阻力,而还没有通过的部分被看成造成运动的推动力。斯万斯海德对这个问题的数学解决也许是《算书》中最复杂的部分,他得出的答案是,长杆的中心和宇宙中心永远也不可能重合。[①]

　　然而,布雷德沃丁定律的重要性是有限的。首先,它与幅度或冲力概念不同,在经典力学的形成过程中没有发挥作用。伽利略之所以没有利用布雷德沃丁的定律,大概因为它是纯理论性的,函数关系过于复杂,而且无法定出多大的 F/R 对应于多大的速度。[②] 其次,在布雷德沃丁(以及巴黎学者)那里,运动仍然是一种发生于固定界限之间的有限过程,无限运动还不可能,阻力仍然是运动所必需的动力学条件之一。[③]

　　不过,虽然从经典物理学的角度来看,整个亚里士多德—经院物理学都是错误的,因为它还认为运动必须依靠力来维持,但我们必须从当时的时代背景来看待布雷德沃丁的工作,他毕竟强调了数学对于物理学内在统一性的重要意义。和其他经院哲学家一样,他也相信亚里士多德的物理学理论是正确的,并试图找到一个将各个变量所有的值联系起来的公式,在这方面,他无疑是成功的。

---

　　① 　Murdoch and Sylla, "Swineshead", in Gillispie (1970—1980), vol. 13, pp. 198-199; Hoskin and Molland (1966).

　　② 　Maier (1949), p. 93.

　　③ 　Clavelin (1974), p. 112.

第八章　牛津学派和巴黎学派：
主要运动学成就

受到布雷德沃丁《论运动速度的比》的影响和激励，以海特斯伯里和斯万斯海德为代表的其他牛津计算者进一步用算术或代数的方法来描述运动在时间和空间上的各种发布，定义了一系列运动学概念，提出了可以类比于伽利略运动学定律的默顿规则。巴黎学派的奥雷姆则根据与质的量化同样的手段对运动进行了量化，并用这种几何方法直观地证明了默顿规则。本章我们就来讨论他们的这些重要的运动学成就。

一　《解决诡辩的规则》的内容和结构

我们已经多次强调，牛津计算者的运动学成就必须结合中世纪的逻辑来谈。这一点最突出地体现在最能体现牛津计算者运动学成就的著作——《解决诡辩的规则》中，这也是海特斯伯里最著名的著作。它写于1335年，在随后的一个半世纪里，欧洲各地出现了关于它的大量评注，其影响力主要是在欧洲大陆而不是英国本土。1487年，这部著作还成了帕多瓦大学的必读教材。它影响了帕多瓦学派和15世纪意大利的逻辑学家，后来也被巴黎大学所采用。[①] 直到 16 世纪初,这种影响力才在人文主义者对经院逻辑和经院哲学的嘲弄和抨击下显著消退。按照克拉盖特的看法,在这部著作中,①它清晰地定义了匀加速运动就是在任何相等的时间段内获得相等的速度增量;②它几乎最早对瞬时速度进行了分析和定义;③它表述了"默顿规则"(Merton Rule)或中速度定理(Mean Speed Theorem),即在给定时间内走过一段距离的意义上,匀加速运动等价于速度等于匀加速运动物体在中间时刻速度的匀速运动。[②]

海特斯伯里在这本书的前言中说,它旨在为一年级学生提供逻辑上的指导,处理的是诸如在日常练习(*exercitatio*)中出现的普通诡辩(*sophismata*)。[③] 顾名思义,《解决诡辩的规则》讨论的就是如何制定出一些规则,通过它们同一主题的所有诡辩都可以相应解决。

需要说明的是,海特斯伯里还写过一部《诡辩》(*Sophismata*),其中包含了对 32 个诡辩的详细分析。在这些诡辩中,前 30 个属于逻辑诡辩,最后 2 个属于物理诡辩。[④]《诡辩》处理的是个别具体的诡辩,而《解决诡辩的规则》则是要制定出解决这些诡辩的

---

① Glick,Thomas F. et al.(2005),p.222.

② Wilson(1956),pp.vii-viii.

③ Wilson(1956),p.4.关于"诡辩"和"命名"等术语的含义,参见附录中的"中世纪的逻辑术语解释"。

④ 这 32 个诡辩见 Wilson(1956),pp.153-163.其中最后两个诡辩是:(31)"如果有某种东西被稀疏,那么必然有某种东西被聚缩"(*Necesse est aliquid condensari si aliquid rarefiat.*);(32)"除非有某种东西被冷却,就不可能有某种东西被加热"(*Impossibile est aliquid calefieri nisi aliquid frigefiat*)。

规则。

《解决诡辩的规则》分为六章：

第 1 章："论不可解命题"（*De insolubilibus*），讨论了不可解命题①的解决方法。

第 2 章："论认识与怀疑"（*De scire et dubitare*），讨论了包含"认识"和"怀疑"这两个词项②的命题。

第 3 章："论关系"（*De relativis*），讨论了包含关系词项③的命题。

第 4 章："论开始和停止"（*De incipit et desinit*），讨论了包含"开始"和"停止"这两个词项的命题。其核心议题是，某个事物在什么情况下可以被说成"开始存在"或"停止存在"。这里"开始"和"停止"都被赋予了精确的数学含义。

第 5 章："论最大和最小"（*De maximo et minimo*），讨论了包含"最大"和"最小"这两个词项的命题，其核心议题是为各种不同的变量设定边界。

第 6 章："论三谓词"（*De tribus predicamentis*），讨论了包含速度和加速度概念的命题，其核心议题是定义在质、量、位置这三

---

① 　所谓不可解命题，是指悖论或包含逻辑矛盾的命题，如"苏格拉底说'柏拉图所说的是假话'，且柏拉图说'苏格拉底所说的是真话'"。可以说，不可解命题都是"说谎者悖论"的变种。

② 　因为这两个词项具有特殊的逻辑属性，特别是能够影响词项在命题中的指代方式。这一章讨论的是涉及意向背景（intentional context）的句子，比如当国王坐在那里时的"你知道国王在坐着"这句话。

③ 　所谓关系词项，是指关系代词或指示代词，它们指命题中的某个前项。这里关心的是，关系词项的指代方式是否与其前项的指代方式相同。

种范畴下运动的速度。① 这一章分为三节：①论位置运动（*De motu locali*），讨论了位置、量和质这三种运动的速度变化和均匀性；②"论增大"（*De augmentatione*），讨论的是量变的情况；③"论质变"（*De alteratione*），这一节我们在第 4 章中已经讨论过。

应当注意，第 4、5、6 章的内容是在讨论"命名"（*denominatio*）问题的过程中展开的。第 4 章"论开始和停止"就是要确定在何种条件下，"开始"和"停止"这两个词项可以用于任何可以说成在某一时刻存在或不存在的事物。第 5 章"论最大和最小"是要定义或确定基体被赋予的质的强度界限，或者基体所拥有的能力的强度界限。举例来说，如果苏格拉底正在举起重物，并且达到了他力量的极限，那么是否有一个他能举起的最大重量（*maximum quod sic*），或者他不能举起的最小重量（*minimum quod non*）？用现代术语来说，这两章的内容类似于指定某个事物或过程的内极限和外极限。第 6 章"论三谓词"则是要对任何可能设想的运动进行命名。

显然，后三章与自然哲学的关系更为紧密。尤其是第 6 章，包含了诸多代表性的运动学成就，比如清晰地定义了匀速运动、匀加速运动、瞬时速度，提出了所谓的默顿法则等。下面我们将主要根据这一章的"论位置运动"一节来讨论牛津计算者的运动学成就。

---

① 　其核心议题是定义在质、量、位置这三种范畴下运动的速度。

二 海特斯伯里的运动学成就

1. 对运动的命名:均匀运动和非均匀运动

位置运动可以分为均匀运动和非均匀运动(用现代的术语来说,就是匀速运动和非匀速运动或变速运动)。海特斯伯里是这样定义均匀运动的:

> 就位置运动而言,如果相等的距离在相等的时间部分中被以相等的速度连续通过,那么运动就被称为均匀的。[①]

否则即为非均匀运动。需要注意的是,虽然海特斯伯里在这个定义里没有用到"任何"这一量词,但他所说的"在相等的时间部分中连续地"(*continue in equali parte temporis*)显然就是"任何相等时间"的意思,只不过这一点不必明确写出罢了。

而后来伽利略在《两门新科学》第三天讨论均匀运动时,给出的均匀运动的定义是:

> 所谓稳定运动或均匀运动是指那样一种运动,运动微粒

---

① Clagett (1959), p. 238. 这段话的拉丁语原文是:*Motuum igitur localium dicitur uniformis quo equali velocitate continue in equali parte temporis spacium pertransitur equale.*

在任何相等的时段内通过的距离都彼此相等。[①]

然后，伽利略特别给出了一个"注意"：

　　旧的定义把稳定运动仅仅定义为在相等时间内经过相等距离；在这个定义上，我们必须加上"任何"二字，意思是"所有的"相等时段，因为有可能运动物体将在某些相等的时段内走过相等的距离，不过在这些时段的某些小部分中走过的距离却可能并不相等，即使时段是相等的。[②]

也就是说，一个运动要想是匀速的，就必须在任何相等时间内走过相等的距离。我们看到，伽利略想通过强调这一点来反对"旧定义"对量词"任何"的省略，这是不公平的。[③]

非均匀运动既可以相对于空间或基体非均匀，也可以相对于时间非均匀。相对于空间的非均匀运动是指，物体的不同点以不等的速度运动，比如一个旋转的轮子；相对于时间的非均匀运动是指，物体的某一点在相等时间内走过不等的距离，比如下落重物的运动。一个运动可以既相对于空间非均匀，同时又相对于时间非均匀。[④]

　　（1）相对于空间非均匀的情况。首先，海特斯伯里考察了运

---

①　伽利略（2004），第 566 页。译文略有改动。

②　同上。

③　Wilson（1956），p. 195，n. 12；Clagett（1959），p. 237.

④　Wilson（1956），p. 117.

动相对于空间非均匀的情况,即一个物体内的各个点并非以同一速度运动。在这种情况下,海特斯伯里认为,整个物体的运动是否是均匀的,将取决于运动最快的点是均匀地运动还是非均匀地运动,而与其他部分如何运动无关;^①倘若不存在运动最快的点,那么这时整个物体的速度就要通过一个想象的点的速度来确定,这个点的运动要不可分地(*indivisibiliter*)快于物体的其他任何点。^② 也就是说,在这种情况下,物体各点的速度有一个外极限,这个极限速度被指定为整个物体的速度。于是,

> 根据这个(运动最快的)点的位置是均匀地变化还是非均匀地变化,整个物体的整个运动被说成是均匀的或非均匀的。于是,假如一个物体的运动最快的点在均匀地运动,那么无论其余的点怎样非均匀地运动,整个物体也被称为在做均匀运动。^③

---

① 我们在前面讲到,布雷德沃丁在《论运动速度的比例》的第 4 章中提到过用物体上运动最快的点的速度来度量整个物体的速度的规则。这种定义应当对海特斯伯里有所影响。

② *Posito nempe casu quo mote magnitudinis nullus sit punctus velocissime motus, penes lineam quam describeret punctus quidam qui indivisibiliter velocius moveretur, quam aliquis in magnitudine illa data tota, totius velocitas attendetur.* Clagett (1959), p. 239.

③ Clagett (1959), pp. 238-239. 这段话的拉丁语原文是:*Et penes hoc quod punctus talis uniformiter seu difformiter mutat situm, totius totus motus uniformis dicitur vel difformis. Unde data magnitudine cuius punctus velocissimus uniformiter moveatur, quantumcunque difformiter residua omnia differantur, uniformiter moveri conceditur tota proposita magnitudo.*

海特斯伯里试图用这一"最速运动点"规则来解决这样一个诡辩，即"整个物体运动得越来越慢，但它之中的每一个点都运动得越来越快"。为此，海特斯伯里假想了这样一个情形：一个轮盘在旋转过程中，它的最外面的部分不断被削去，而里面的部分则不断膨胀。如果里面的膨胀速度慢于外面被削去的速度，那么整个轮盘的尺寸就会不断减小。于是，既然在任一时刻距离中心最远的点总有不同，那么根据"最速运动点"规则，整个轮盘的运动将变得越来越慢（当然也就是非均匀运动），尽管它所包含的每一点的运动速度都越来越快。于是，这一诡辩就得到了解决。类似的诡辩还有：在给定时间内，物体每一点的速度都在不断减小，但整个物体却可能做均匀运动；或者物体每一点的速度都在不断减小，但整个物体的速度却可能不断增加。这些诡辩也都以类似的方式得到了解决。[①]

（2）相对于时间非均匀的情况。接着，海特斯伯里考察了运动相对于时间非均匀的情况。正是在这种情况下，海特斯伯里做出了在我们今天看来最重要的一些运动学成就。

2．对速度的度量：瞬时速度的定义

根据"整个物体的速度是否均匀取决于物体运动最快的点的速度是否均匀"这一命名规则，海特斯伯里讨论了如何对速度大小进行度量。对于均匀运动，物体中每一点的速度都不随时间变化

---

① 　Wilson (1956)，pp. 119-120.

（虽然不同点的速度有可能不同），速度大小应由运动最快的点所描出的线来确定①（在讨论速度的时候，由于运动都是假定在某一固定时间内进行的，所以时间因子都略去）：

> 在均匀运动中，整个物体的速度在任何情况下都是通过运动最快的点所描出的线来度量的，如果存在这样一个点的话。②

而对于非均匀运动，我们所能度量的只能是瞬时速度。于是，海特斯伯里提出了对瞬时速度的度量规则，或者瞬时速度的定义：

> 在非均匀运动中，在任一瞬间的速度将通过运动最快的点所描出的线来度量，如果在一段时间内，它以与在那一瞬间的运动速度相同的速度均匀运动……
>
> 由此可以清楚地看到，这样一种非均匀的或瞬时的速度不是通过所走过的线来度量的，而是通过这样一个点所可能描出的线来度量的，如果它在某一时间段内以它在那一瞬间

---

① 对此，不同学者会有不同的意见，比如萨克森的阿尔伯特等人就提出，速度大小应由物体中点所描出的线来确定。

② Clagett (1959)，p. 238. 这段话的拉丁语原文是：*In uniformi itaque，penes lineam a puncto velocissime moto descriptam，si quis huiusmodi fuerit，quanta sit totius magnitudinis mote velocitas universaliter metietur.*

的运动速度均匀地运动的话。[①]

这显然是个循环定义,因为被用来定义瞬时速度的均匀速度就等于这个需要被定义的瞬时速度。但是,即使是伽利略本人后来对瞬时速度的定义也不是足够精确的,因为精确的定义必须要等到导数的概念发展后才能给出来。直到今天,在初等物理教育中,这都是定义瞬时速度的唯一方式。不过这里的关键并不在于这个定义是否真的能使人满意,而在于对这种做法的必要性的清醒认识。

3. 非均匀运动的分类:匀加速运动的定义

然后,海特斯伯里又把相对于时间的非均匀运动分为均匀加速(或减速)和非均匀加速(或减速)两种情况,并把匀加速或匀减速定义为在任何相等时间内获得或失去相等运动幅度的运动。海特斯伯里对均匀地非均匀运动(即匀加速运动)和非均匀地非均匀运动(即非匀加速运动)的定义是:

---

① Clagett(1959), pp. 240-241. 这段话的拉丁语原文是:*In motu autem difformi, in quocunque instanti attendetur velocitas penes lineam quam describeret punctus velocissime motus, si per tempus moveretur uniformiter illo gradu velocitatis quo movetur in eodem instanti, quocunque dato... Ex quo manifeste sequitur quod huiusmodi velocitas difformis seu instantanea, non attenditur penes lineam pertransitam, sed penes lineam quam describeret punctus talis, si per tantum tempus vel per tantum uniformiter moveretur illo gradu velocitatis quo movetur in illo instanti dato.*

关于位置运动的增强和减弱，运动以两种方式被增强和减弱，即均匀地或非均匀地。某一运动被称为均匀增强的，如果在任何相等的时间部分中，它获得了相等的速度幅度。某一运动被称为均匀减弱的，如果在任何相等的时间部分中，它失去了相等的速度幅度。某一运动被称为非均匀增强的或非均匀减弱的，如果它在一个时间部分中比另一个相等的时间部分中获得或失去更大的速度幅度。①

后来伽利略在《两门新科学》第三天讨论自然加速的运动时，给出的匀加速运动的定义是：

一种运动被称为等加速运动或均匀加速运动，如果从静止开始，它的速度元②（*celeritatis momenta*）在相等的时间内获得相等的增量。③

不难看出，两个定义本质上是一致的。

---

① Clagett（1959），pp. 241-242. 这段话的拉丁语原文是：*Est autem circa intensionem et remissionem motus localis advertendum，quod motum aliquem intendi vel remitti dupliciter contingit：uniformiter scilicet aut difformiter. Uniformiter enim intenditur motus quicunque，cum in quacunque equali parte temporis，equalem acquirit latitudinem velocitatis. Et uniformiter etiam remittitur motus talis，cum in quacunque equali parte temporis，equalem deperdit latitudinem velocitatis. Difformiter vero intenditur aliquis motus，vel remittitur，cum maiorem latitudinem velocitatis acquirit vel deperdit in una parte temporis quam in alia sibi equali.*

② 即瞬时速度。

③ 伽利略（2004），第578页。译文略有改动。

4. 速度与距离的联系:默顿规则

接下来,海特斯伯里讨论了非均匀运动所走过的距离如何度量。虽然对于一般的非均匀运动来说,无法找到一般的规则将速度与走过的距离联系起来,但有一种特殊的非均匀运动,即均匀地非均匀运动,可以通过一个规则来度量所走过的距离。14 世纪的经院哲学家关心如何通过均匀的强度来确定变化的质或速度的"效应"的大小,这与一个被称为"命名"(*denominatio*)的逻辑问题有关。[1] 将均匀地非均匀运动的"结果"归结为固定强度的均匀运动的规则便是著名的"默顿规则"(Merton Rule)[2]或中速度定理(Mean Speed Theorem)。

(1) 对默顿规则的阐述。海特斯伯里的《解决诡辩的规则》大概是我们已知的最早提出默顿规则的著作。对于位置运动,他说:

> 因为无论幅度是从零度开始,还是从某一(有限的)度开始,任何幅度只要它终止于某一有限的度,只要它是被均匀地获得和失去的,都将对应于它的中度(*gradui medio*, middle degree)。于是,在某一时间内均匀地获得或失去这一幅度的运动物体所通过的距离(*magnitudinem*),将完全等于它在相等的时间内以其中度均匀运动所通过的距离;对于任何这种由静止开始,终止于某一(有限的)度的幅度来说,它的中度是

---

① 　参见附录:中世纪逻辑术语解释。

② 　当时有不少学者(特别是默顿学者)都提到过这一规则,海特斯伯里只不过是最早的提出者之一,所以后世并不把它称为"海特斯伯里规则",而称为"默顿规则"。

同一幅度的末端的度的一半。①

就位置运动而言,这其实就是伽利略在《两门新科学》中讨论自由加速运动时所给出的定理 1 命题 1:

> 一个从静止开始做均匀加速运动的物体通过任一空间所需要的时间,等于同一物体以一个均匀速率通过该空间所需要的时间;该均匀速度等于最大速率和加速开始时速率的平均值。②

(2)需要注意的几个问题。第一,默顿规则的英译和中译问题。需要注意的是,后人谈论默顿规则时往往只将它与位置运动联系起来,而没有考察对经院学者来说更为基本的质变运动(当然还有量变运动,只不过没有那么重要)。这是因为近代物理学只谈论位置运动,默顿规则恰好对应于近代物理学中的一条重要定理,

---

① Clagett (1959), p. 277. 这段话的拉丁语原文是: *Omnis enim latitude sive a non gradu incipiat, sive a gradu aliquot, dum tamen ad gradum aliquem terminetur finitum, et uniformiter acquiratur seu deperdatur, correspondebit equaliter gradui medio sui ipsius, sic scilicet quod mobile illud, ipsam uniformiter acquirens seu deperdens in aliquot tempore dato, equalam omnino magnitudinem pertransibit sicut si ipsum per equale tempus continue moveretur medio gradu illius; cuiuslibet etiam talis latitudinis incipientis a quiete et terminante ad aliquem gradum, est gradus suus medius subduplus ad gradum eandem latitudinem terminantem.* 海特斯伯里本人在《解决诡辩的规则》中只是说默顿规则可以证明,但没有给出具体证明,不过在《对〈〈解决诡辩的规则〉的)结论的检验》(*Probationes conclusionum*)中,海特斯伯里用烦琐的"计算"方法给出了代数或算术证明。证明过程参见 Wilson (1956), pp. 122-123。

② 伽利略(2004),第 581 页。

即匀加速运动定理。如果我们牢记我们所谈的科学属于自然哲学的一部分，就不会把关于位置运动的材料与关于质变和量变的材料分离开来。默顿规则在英语中有时按照近代物理学的内容被译为"Merton mean speed rule（或 theorem）"，这其实不够确切。在这里我们看到，在默顿规则的原始表述中使用的是"中（间的）度"（*gradus medius*）。根据中世纪的"形式幅度"语言，"度"（*gradus*）指的是质的强度大小，而不仅仅是位置运动的速度〔我们看到，海特斯伯里对于位置运动使用的术语也是"增强"（*intensio*，*intenditur*）和"减弱"（*remissio*，*remittitur*）〕，所以默顿规则并非只适用于位置运动，而且也适用于质变。比如，一个物体热的强度从一端的 2 度均匀地变化到另一端的 4 度，那么根据默顿规则，这一热的强度就等价于遍布整个物体 3 度的均匀强度。因此，这里的"*gradus*"最好按照"形式幅度"学说译为"度"（degree），而不是"速度"（speed）。

此外，在译成汉语时应当注意，拉丁词"*medius*"的本义是"中间的"（middle），而不是"平均的"。毕竟，如果说匀加速运动所走过的距离对应于它的"平均速度"在同样时间内走过的距离，这是一个不证自明的命题，也就不成其为规则。如果汉语译成"平均"，就失去了命题的原义。英语译成"mean"即使指平均，指的也是"算术平均"，而不是一种泛泛的平均。况且，如果这里"度"指的是质的强度，而非速度，那么说"度"的平均就更是难以设想，而如果理解为中间时刻所对应的"度"，那么就好理解了。因此，默顿规则的另一种比较忠实的汉语译法应当是"默顿中度定理"，在位置运动的情况下对应于"默顿中速度定理"，而不是"默顿平均速度定理"。由此可见,要想尽可能如实地看待中世纪的学问是多么困难,稍不留意我们就可能不自觉地用现代科学的观念去理解他们的工作,以致模糊了这些著作的背景和原始意图。

第二,将均匀地非均匀变化的质对应于其中度,这并不是自明的。当时就有不少人持反对意见,主张不应对应于中度,而应对应于终度(final degree)。[①]

第三,应当认识到,默顿规则的出发点与"命名"这一逻辑问题有关。倘若不了解这一点,我们就不明白经院哲学家提出默顿规则的动机是什么,不明白中世纪学者为何要研究匀加速运动和匀速运动的等价性,这种问题对他们有何意义,致使这一规则的内涵显得单薄许多。在他们看来,说一个均匀地非均匀的热的物体等价于以其中度均匀分布的物体,这与用"红"这个谓词来命名一个物体是完全对应和平行的。默顿规则说的无非是:"任何被赋予了均匀地非均匀的质的基体,它相对于这种质的度量或命名就相当于好像整个基体被赋予了一种均匀的质,它的度等于它在均匀地非均匀状态下两个极端的度的算术平均。"[②]事实上,我们第 4 章讲到的斯万斯海德提出的那个问题的出发点也是命名问题,即那个具有不规则热度甚至是无穷热度的物体,其总体的热度相当于多少?如何用同一热度来"命名"它?

(3)默顿规则的推论。由默顿规则可以得出一些推论(由于当时的语言比较啰唆,这里不详细引述,而只把它们"翻译"成现代

---

①   Dijksterhuis (1961),p. 198.

②   Murdoch (1975c),p. 283.

术语),例如[①]:①初速度为零的匀加速运动所走过的距离等于在同一时间内以末速度匀速运动走过的距离的一半;②初速度不为零的匀加速运动所走过的距离大于在同一时间内以末速度匀速运动走过的距离的一半;③初速度为零的匀加速运动在前一半时间内走过的距离等于在后一半时间内走过距离的 1/3;④对于初速度不为零的匀加速运动而言,后一半时间内所走过的距离与前一半时间内走过的距离之比,等于末速度和中间速度的算术平均与中间速度和初速度的算术平均之比。

由此我们不难推出伽利略的一条核心的运动学定律,即初速为零的匀加速运动所走过的距离正比于所用时间的平方,而这正是《两门新科学》中讨论自然加速运动部分的定理 2 命题 2:

> 一个从静止开始以均匀加速度而运动的物体所通过的空间,彼此之比等于所用时段的平方之比。[②]

对于非均匀地非均匀运动,海特斯伯里指出,由于速度的增强和减弱有无数种变化的可能性,所以除了作为极限的最强和最弱的度,与之等价的均匀运动的速度可以是介于这种速度幅度之中的任何一个度。[③]

在《对(〈解决诡辩的规则〉的)结论的检验》(*Probationes conclusionum*)中,海特斯伯里根据默顿规则得出了一个重要结

---

① 　Wilson (1956),pp. 123-124.
② 　伽利略(2004),第 582 页。
③ 　Clagett (1959),p. 282.

论,不过没有给出证明。这个结论说,一个初速度为零的匀加速的物体在后半段时间中走过的距离等于前半段时间中走过距离的三倍。

5. 加速度与速度的关系

在把速度与距离联系起来之后,海特斯伯里又把加速度与速度联系了起来。他说,就像速度的幅度可以想象成一个线性的速度之阶,速度从零一直排列到无限一样,加速或减速的幅度也可以想象成一个线性的加速度之阶,加速度从零一直排列到无限,即一个物体的加速或减速可以从无限慢到无限快;加速度可以通过所获得的速度的幅度来度量,就像速度可以通过所走过的距离来度量一样。例如,速度从 1 度到 3 度的加速等于速度从 2 度到 4 度的加速,因为在这两种情况下,所获得速度的幅度相等。用现代的术语来讲,可以说海特斯伯里在这里认识到了距离、速度和加速度三者之间的升序关系,只不过走过的距离是"实在的",速度和加速度的幅度是"无法想象的"。①

海特斯伯里试图通过这一规则来解决某些预设了加速度快慢应当由速度之比而不是速度之差来度量的诡辩。比如,假定有两个运动 a 和 b 的初速度均为 c,a 的速度在一段时间内由 c 匀加速到 2c,b 的速度则在同一时间内由 c 匀减速到 0,这个诡辩说,a 的加速和 b 的减速并非一样快,因为在这一过程中,b 先后减速到 c/2、c/4、c/8……直到无穷,因此如果 a 的加速同样快,应当先后

---

①　Wilson (1956), p. 128.

加速到 2c、4c、8c……直到无穷。而事实上，a 只加速到了 2c，因此它们的速度变化不一样快。

　　海特斯伯里解决这一诡辩的规则是，加速或减速的速度（即加速度）要看（在一定的时间内）获得或失去了多少幅度或速度的度（即算术差），而不是看初速度与末速度之比。a 和 b 两种运动在同一时间内获得或失去的速度相等，因此 a 与 b 的速度变化是一样快的。[①]

6. 对量变的探讨

　　在《解决诡辩的规则》第 6 章的"论增大"（De augmentatione）一节，海特斯伯里讨论了如何对量变运动进行度量。前面我们说过，严格意义上的量变，即"增大"和"减小"，仅指生命体通过营养的摄取而产生的尺寸的变化，在这一过程中有外界质料的加入或内部质料的损失；广义的量变则不涉及质料的获得或损失，而只是纯粹体积上的增减，称为"稀疏"（rarefactio）和"聚缩"（condensatio）。[②] 海特斯伯里这里所讨论的"增大"是指广义的量变，即纯粹的体积增加，而不牵涉外界质料的获得。"减小"指相反的情况，道理与"增大"同。海特斯伯里主张，增大不应由所获得的绝对的量来量度，而应由所获得量与先前量之比来度量。

---

①　Wilson（1956），p. 126.
②　参见第 2 章注释。

关于增大的速度如何度量,有三种可能的回答:

(1)增大的速度通过给定时间内物体所增获的最大的量来度量。

(2)增大的速度通过给定时间内物体所获得的"疏度"(rarity)的幅度来度量[所谓"疏度",与"密度"(density)的含义相反,大致可以表示成 q/m,其中 q 是物体的尺寸,m 是所含的质料。而"疏度"的幅度,海特斯伯里理解为新旧"疏度"的算术差而非几何差,即$(q_2/m)-(q_1/m)$,而非$(q_2/m)/(q_1/m)$。注意海特斯伯里这里讨论的增大不涉及质量的获得,所以 m 不变。这样度量出来的增大速度仍然与物体尺寸之差成正比]。

(3)增大的速度通过物体最终的量与最初的量之比来度量。

海特斯伯里本人认为第三种观点是正确的。

他对观点的反驳是,按照这种观点,如果一棵橡树和一株小草在同样时间内都增大一英尺,则它们的增大速度是一样的。或者另一个例子,如果苏格拉底手指的尺寸膨胀到原先的两倍,那么苏格拉底的增大速度就和他手指的增大速度一样了。这些结论不符合语言的日常用法。

他对观点的反驳是,比如有两个物体,一个 100 英尺长,一个 1 英尺长,它们含有同样多的质料,即前者较疏,后者较密,然后两者在同样时间内都增大 1 英尺,那么根据这种观点,由于两个物体在此过程中所获得的"疏度"的幅度相等,所以其增大速度是一样的。

至于海特斯伯里所支持的观点(3),实际上可以用现代的微分方程写作 $du/dt=ku$,其中 u 是物体在任一时刻的速度,k 是常数。

也就是说，这是一个指数函数。经院学者当然不可能确定出速度的具体值，而只能以算术方法用烦琐的语言来讨论，所以必定会引出一些诡辩，海特斯伯里随后对这些诡辩做了反驳，这里不再叙述。[1]

至于《解决诡辩的规则》第 6 章的"论质变"一节，我们已经在第 4 章中讨论过了。

需要指出的是，对质和运动的类似度量也出现于斯万斯海德的《算书》中。结合前面关于海特斯伯里著作的内容，这里应当提到，斯万斯海德在一个被称为《论运动》(De Motu)的残篇中，也就均匀运动、非均匀运动、均匀地非均匀运动、瞬时速度等术语和默顿规则给出了和海特斯伯里完全类似的定义。[2] 只是在定义均匀速度的时候，海特斯伯里说的是在相等的时间部分内通过相等的距离，而没有说在任何相等的时间部分内。我们前面说过，虽然海特斯伯里在说这句话时想到的无疑是"任何"，但他毕竟没有写下这个词，以致后来伽利略会认为经院学者的定义不够严格。但斯万斯海德则明确加上了"任何"一词：

> 应当知道，均匀的位置运动是一种在任何(omni)相等的时间部分内描出相等距离的运动。[3]

---

[1]　Wilson (1956)，pp. 128-139.

[2]　Clagett (1959)，pp. 243-244.

[3]　Clagett (1959)，p. 245. 这段话的拉丁语原文是：Unde sciendum quod motus localis uniformis est quo in omni parte temporis equali equalis distantia describitur.

三　奥雷姆对默顿规则的几何证明

1. 对运动速度的几何表示

在奥雷姆的图示法中,同样的图形既可以表示质在空间中的分布,又可以表示运动随时间的变化。在《论质和运动的构形》的第二部分,奥雷姆把构形学说运用于运动。原先被用来表示质的强度的"幅度",现在表示运动的速度;原先被用来表示质的广度的"长度",现在则表示运动的时间;而幅度与长度的乘积,即所谓的"质的量",现在则有了明确的本体论含义,即物体在一段时间内所走过的距离。于是,匀速运动的构形是一个长方形,匀加速运动的构形是一个直角三角形(初速或末速为零)或直角梯形(初速或末速不为零),而不规则运动的构形则可能是其他各种图形(图 8-1)。正是由于这种在运动方面的运用,图示法才产生了持久的历史影响。

奥雷姆在第二部分的第 1 章中指出,运动速度即运动的强度既可以随时间而改变,也可以随运动基体点的不同而改变。"所以运动有两个广度,一个与基体有关,另一个有时间有关。"它还有一个强度。和对质的讨论一样,奥雷姆遵从惯常用法,称两种广度均为"长度",称强度为"幅度"。不过,后来他并没有考虑速度、时间、基体同时变化的情况,而是将时间变化和基体变化分别考虑,其中最重要的是速度随时间的变化。图 8-2 中的左图为速度随基体变化的情况,右图为速度随时间变化的情况。

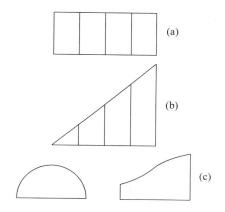

图 8-1　奥雷姆对各种运动的几何表示①

注释:(a) 匀速运动;(b) 均匀地非均匀运动;(c) 非均匀地非均匀运动。

图 8-2　奥雷姆对运动速度的几何表示

在第 3 章中,奥雷姆讨论了运动速度的变化,其中对"更大的速度"作了定义:

---

① Lindberg (1992), p. 299.

在位置运动中,速度凭借可能走过的更多的空间或距离而是更大的或更强的;类似地,在质变中,速度凭借可能获得或失去更多的质的强度而是更大的;在量的增加中,凭借可能获得的更多的量,在量的减小中,凭借可能失去的更多的量或广度。

第 4 章以各种方式对速度进行了度量。其中,提出了"运动速度"(velocity of motion)与"环绕速度"(velocity of circuiting),即线速度与角速度的区分。还区分了一般意义上的运动速度和下降速度(即朝向中心的速度),等等。第 5 章中对不同类型的运动作了区分,其中一种即为运动的加速:

可以想象另一种相继,因为任何速度都能够在强度上增加和减小。其在强度上的连续增加被称为加速,事实上,这种加速或速度的增大可以发生得更快或更慢。由此有时速度在增加,加速在减小,有时两者同时增加。类似地,这种加速有时均匀地发生,有时非均匀地以各种不同的方式发生。

奥雷姆又说,加速可以分为相对于基体和相对于时间的均匀性和非均匀性。第 6 章讨论了相对于基体的速度变化,其构形类似于第一部分讨论质的变化时对构形的论述。比如,端点的度是否为零,简单的和复合的非均匀性,复合的非均匀性的分类,等等。第 8 章讨论了相对于时间的速度的非均匀性。类似地,就像质的强度一样,运动的强度即速度之比也可以用线之比来表示。

2. 对默顿规则的几何证明

奥雷姆在运动学上最著名的成果就是用他的图示法证明了默顿规则。《论质和运动的构形》的第三部分讨论的是质和速度的获得和度量。其中，第 7 章是最著名的一章，即非均匀的质和速度的度量。在这里，奥雷姆表明，均匀地非均匀的"质的量"等于同一基体按照其中点处的度的均匀的"质的量"。他先是证明了端点为零度的均匀地非均匀的质的情况，这一证明很容易推广到端点不为零的情况。在这里，奥雷姆对度量匀加速运动的默顿规则给出了一个初步的几何证明。虽然对于质的情形来说，均匀地非均匀的质对应于中度还是终度没有什么物理意义，但对于运动随时间变化的情况来说却并非如此。因为此时"质的量"有着明确的物理意义，那就是物体走过的距离。我们知道，要想严格地证明默顿规则，需要用到微积分，而这在 14 世纪当然是不可能做到的。不过，牛津计算者还是给出了对默顿规则比较严格的证明，只是由于术语的问题，证明过程极为烦琐。而几何的方法就相当直观清楚了，奥雷姆也因此而有了重要的历史意义。

证明过程是很简单的，如图 8-3 所示，均匀运动在所有时间内的幅度是相同的，所以其构形可用矩形 ABGF 来表示，矩形 ABGF 的面积表示均匀运动在这段时间内所走过的距离；而均匀加速运动的幅度改变和长度改变之比为常数，所以其构形可用直角三角形 ABC 来表示。其中，DE＝1/2AC，三角形 ABC 的面积表示均匀加速运动在这段时间内所走过的距离。而矩形 ABGF 的面积＝直角三角形 ABC 的面积，于是默顿规则得证。

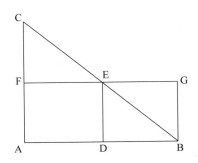

图 8-3　奥雷姆证明默顿规则所用的图形①

3. 图示法的历史影响及其评价

奥雷姆的工作在其后的两个世纪中在欧洲广泛流传。有些学者认为奥雷姆关于速度的图示法对于运动学的进一步发展有着重要影响,特别是影响了伽利略的著作。其间有一本名为《论形式幅度》(*Tractatus de latitudinibus formarum*)②的著作流传甚广,在1482 年到 1515 年之间至少重印了四次。通过这些 15 世纪晚期和 16 世纪早期的印刷版本,伽利略大概对其中的证明相当熟悉。例如,在伽利略的《关于两门新科学的对话》这部新运动学的奠基著作中,平均速度定理是第三天对话的定理 1、命题 1,伽利略的证明与奥雷姆的极为相似,甚至所用的几何图形都一样,只是伽利略

①　Clagett (1968a),p. 409.
②　这本书曾被认为是奥雷姆所作,并认为这是他的主要著作之一。但它其实很可能是他的一个学生写的,因为虽然其中的观点与他的观点大致符合,然而它的内容只不过是《论质和运动的构形》一书的拙劣模仿。

作了一个 90 度的转向（图 8-4）。[①]

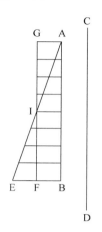

图 8-4　伽利略证明平均速度定理所使用的图形[②]

有学者认为，在《论质和运动的构形》一书中，奥雷姆至少隐含地引入了下述四项革新的思想：①用线段（遵循希腊的传统，他用线段代替实数）来度量各种物理变量（例如温度、密度、速度）；②关于变量之间的函数关系的某种概念（例如把速度看成时间的函数）；③这种函数关系的图形表示法，可以看作引入坐标系迈进的一步；④作为时间—速度图下的面积来计算距离的"积分"法或连续求和法，虽然奥雷姆只是在匀加速运动的情况下才有完成这种计算的作图方法。[③]

此外，奥雷姆的构形还有助于打破这样一种限制，即非同类的

①　伽利略（2004），第 582 页。
②　Galileo（1946），p. 173.
③　爱德华（1987），第 121 页。

质不能用乘法组合在一起,比如速度×时间＝长度[1]。这些思想对于开辟近代科学都起着非常重要的作用。

不过,对于奥雷姆的贡献及其对后世的影响,学者们一直是众说纷纭,比如著名数学史家克莱因就认为:

> 常有人说奥雷姆对提出函数概念、用函数表示物理定律以及函数的分类做出了贡献。人们也把创立坐标几何和函数的图示法归功于他。事实上,形式的幅度是一个模糊的观念,它至多也只是一种图表。虽然奥雷姆在形式幅度名义下表示强度的方法是经院哲学家试图研究物理变化的一个主要技巧,也曾在大学里传授给学生,并被用于修正亚里士多德的运动理论,但它对后来思想的影响不大。伽利略确也用过这种图形,但思想远为清楚,用意远为明确。又由于笛卡尔尽量避免提及前人,我们也不知道他是否受过奥雷姆思想的影响。[2]

当然,奥雷姆的著作并不是最早应用坐标系的代表,因为古希腊地理学就已经在这方面对它运用自如了,那时甚至还出现了斜角坐标系。他的图示法也不能认为是相当于我们的解析几何,因为它缺乏这样一种基本思想,即任何几何曲线都可以与坐标系和一个代数方程相联系。他所发明的图示法并不是为了将"幅度"与"长度"一一对应起来,寻找这些"变量"之间的关系。他所谓的"构

---

　①　Calinger (1999), p. 383.
　②　Klein (1972), pp. 210-211.

形"其实是由所有的"幅度"垂线所共同构成的一个形体，而不是由各个垂线的顶点所构成的类似于代数曲线的顶点线（*linea summitatis*）。更有甚者，即便"幅度"可以看出坐标系中的可变坐标，但"长度"却不能等同于可变的横坐标。因为在奥雷姆这里，"长度"是所考察基体的整个线段，一个"长度"就对应于无数个"幅度"。不清楚这些，我们就可能把奥雷姆当成解析几何的创始人。

此外还需要注意，奥雷姆并没有明确指出时间—速度曲线下所包围的面积为什么分别代表所走的距离，他只是用了这个结论而已。而且用当时的术语来说，这一图形表示的是"总速度"。因此，很难说奥雷姆是否真把图形的"面积"等同于物体走过的距离。克拉盖特认为，奥雷姆无疑清楚这一点，只是没有明说罢了。倘若真是如此，那么"这很可能是因为他设想面积是由许多垂直线段或不可分量所组成，它们之中的每一个都表示一个持续极短时间的速度"[1]。这种数学原子论的解释符合他对瞬时速度的看法，也符合那时经院哲学家对无限小的兴趣。

---

[1]　Boyer and Merzbach（1991），p. 266.

第九章 14 世纪运动学再回顾

　　由以上各章我们可以看到，大约在 14 世纪第二个 25 年内，牛津大学与巴黎大学的经院自然哲学家在运动的量化方面做出了先驱性的工作。例如，他们在历史上第一次明确区分了运动学和动力学，清晰地定义了匀速运动、匀加速运动、瞬时速度等运动学概念，提出了类似于伽利略运动学定律的默顿规则等。这些成就是迈向自然数学化的关键一步。

　　作为中世纪和近代早期的过渡阶段，14 世纪思想的重要性正在逐渐为人所认识。可以说，倘若缺失了 14 世纪这一关键环节，是不大可能真正看清楚 16、17 世纪科学革命的。然而，如何才能比较恰当地理解 14 世纪的科学，却并不是一件容易的事情。本章旨在结合质的量化和运动的量化，从语境主义（contextualism）角度对 14 世纪运动学做进一步的阐发。

一　与伽利略运动学的区别

　　伽利略无疑很熟悉他们的著作。牛津和巴黎学者的思想被帕尔玛的布拉修斯（Blasius of Parma）带到意大利，整个 15 世纪都在当时欧洲的思想中心帕多瓦被讲授和讨论。这些内容构成了伽利略早年在比萨求学期间所受的哲学和科学教育的重要部分,他青年时期的著作清楚地反映了这一影响,其中有许多内容不仅纯粹是亚里士多德的思想,而且明显可以追溯到 14 世纪。比如,从《论形式幅度》(*Treatise on the Latitude of Forms*)这部著作可以看出,伽利略很熟悉中世纪关于速度变化及其结果的思辨。他很细致地区分了各种类型的幅度,描述了增强和减弱的主要特征。[1]而且,在讨论形式的增强和减弱的本体论问题时,他采取了司各脱主义的方案,认为质的增强是通过度的加入而发生的,"增强是由于新的质的产生,即先前获得的部分与新的部分共存"[2]。这样的例子不胜枚举。

但 14 世纪经院自然哲学家的运动学成就又与伽利略有很大的不同。这特别表现在:

(1)他们对运动的理解不同于近代科学。如果我们牢记在 14 世纪科学就是哲学这一事实,就不会把关于位置运动的内容与关于质变和量变的内容分开来谈。中世纪所理解的运动不仅包括位置运动,即我们现在所理解的空间中的位移,而且还包括质变和量变,有时甚至包括实体之间的转化。不仅物体从一处移到另一处是运动,由黑变白、由冷变热、由大变小也都是运动。位置运动、质变和量变共同组成了亚里士多德说的狭义的运动(κινησις),是一个统一体。14 世纪的经院哲学家对位置运动的探讨在相当程度上是通过与质变进行类比来实现的。比如,"幅度"概念既应用于

---

[1]　Galileo, *Opere*, vol. I, p. 120. 转引自 Clavelin (1974), p. 117。

[2]　Galileo, *Opere*, vol. I, p. 117. 转引自 Clavelin (1974), p. 117。

冷和热这样的质，也应用于速度。热的变化与速度的变化同样受关注。

此外，在经院哲学家看来，运动是发生在两端点之间的一个有限过程，它可以影响运动的物体，而静止则不会。而在近代科学中，所有的运动都被还原为位置运动。运动不是一个过程，而是一种状态，运动只改变物体的位置，而不会改变物体本身。通过这一还原，物体的运动和物体自身分离开来，运动被移置到物体之外。运动与静止被置于同一本体论层次，它们之间不存在任何质的区别。这种根本性的差别，我们在探讨中世纪科学史时必须时刻铭记。

（2）14 世纪自然哲学的许多问题有着浓厚的神学背景，许多概念和方法则源于医学和逻辑学。要想更加真切地理解这些工作，应当从社会和文化背景，特别是"诡辩""命名""指代"等中世纪逻辑背景来进行考察。当时并不存在一个具有内在统一性的"力学"或"运动学"领域。可以说，这些工作中有相当一部分是在逻辑领域中进行的，而不是在自然哲学领域或科学领域。

（3）如果不了解默顿规则的出发点是与"命名"（denomination）这一逻辑问题密切关联的，我们就不明白经院哲学家提出默顿规则的动机和合理出发点是什么，不明白他们为何如此关注"度量"问题。他们试图把非均匀的质或运动归结为均匀的质或运动进行间接研究。显然，这与伽利略试图以几何学为基础建立力学是完全不同的。不看到这一点，即使我们承认他们的贡献，也会认为这些贡献不过如此而已，它们只不过是近代科学的粗糙雏形，甚至反而使之愈发显得浅陋。

（4）他们在探讨许多问题时都有与现在不同的物理学或形而上学考虑，比如牛津计算者是通过光的发射来理解质的强度变化的。他们认为，许多类型的物理作用都遵循着光的模式。由于光源所产生的亮度被认为是均匀递减的，所以热源所产生的效应也被认为是均匀递减的。这也解释了为什么"均匀地非均匀的"质或运动如此受到重视。

（5）奥雷姆的构形学说原本是为了解释各种物理和心理现象，解释质为什么会产生各种不同的效应，而不只是为了描述质或运动的分布和变化，将"幅度"与"长度"一一对应起来，寻找这些"变量"之间的关系。而且，"长度"是整个线段，一个"长度"就对应于无数个"幅度"。他的构形指的是所有"幅度"线段所组成的集合，而不是"顶点线"以下所包围的面积。不清楚这些，我们就可能把奥雷姆当成解析几何的创始人。

（6）14 世纪经院哲学家关于运动学的讨论几乎完全是"根据想象"（*secundum imaginationem*）进行的，而不是基于实验研究。他们从未想过要把这些结果与实在世界对应起来，根本不关心所讨论的情形是否真的与实在相符合，或者用实验去验证它们。他们对质和运动的量化是度量而非测量，对亚里士多德的反驳也是片段的、零碎的、因人而异的，没有什么统一的纲领。而伽利略则将所有关于运动的重要概念、定义、定理和推论组织成一个逻辑有序的整体，然后运用到实际物体的运动中。匀加速运动再也不仅仅是一个假说性的定义，而是对自然中物体下落的真实描述，就像伽利略的斜面实验所证明的。因此，可以说伽利略构造了一种新的力学科学,从而为近代物理学奠定了基础。[1]

因此,在评价 14 世纪学者的成就时,我们不应以它们是否与近代科学的某些特征相似为标准,而要看它们是否能够更好地反映那个时代的精神特质。

二　与亚里士多德学说的深层联系

由以上各章我们看到,14 世纪运动学的哲学背景是质的强度变化问题和中世纪对运动本性的争论,而这些问题的基础几乎完全来源于亚里士多德的哲学体系。亚里士多德为我们提供了一套概念,规定了我们认识和言说世界的方式。在笔者看来,其学说之中始终围绕着一个最基本的问题,那就是变化本身是如何可能的。这一点至少表现为三个方面的联系和张力:

(1) 逻辑与形而上学之间:亚里士多德的逻辑学说来自于日常语言"S 是 P"的言说方式,正因为此,他才会费那么大精力去讨论实体和偶性的问题,试图让实在本身的形而上学结构也符合于语言的言说方式。然而,世界毕竟是变化的,S 在一刻是 P,在另一刻又会变成是 Q。为了解决巴门尼德提出的运动何以可能这一根本问题,亚里士多德不得已才提出了潜能与现实的概念,将运动规定为从潜能到现实的过程,以此来沟通变与不变。但这在某种意义上是一种循环定义,运动概念的这种含糊性或内在矛盾后来在"形式的流动"与"流动的形式"的争论中表现得很清楚。运动到

---

① Grant (1996), p. 104.

底是一种从潜能到现实的"流"？还是一种可以用逻辑的方式完全把握的"流动中的形式"（即可以归结为一系列形式，这些形式可以用一系列谓词 P_1、P_2、P_3……表现出来）？

（2）一般与个别之间：一般与个别的关系构成了整个西方哲学史最基本的问题之一，它的根源就在柏拉图和亚里士多德的学说。这个问题可以这样来表述：如何能在用普遍原理解释个体，保证世界统一性的同时，又能保证每一个体有其自身的独特性？近代科学以牺牲个体的独特性为代价，获得了一种一般意义上的统一性。按照柯瓦雷的看法，这正是一种柏拉图主义的胜利。亚里士多德清楚地认识到了其中的问题，他将柏拉图那里的理念内化于物体之中，使之变成了个体化的形式，用偶性的不同来说明个体的独特性。然而，这其中的矛盾在质的强度变化问题中就可以显现出来。在质的增强或减弱过程中，到底什么在发生变化？是那个作为柏拉图理念的形式本身，还是物体对这种形式的不同分有？这正是14世纪经院哲学家讨论质的强度变化问题的内在推动力。

（3）数学与物理学或自然哲学之间：在亚里士多德那里，数学与物理学是完全不同的两个学科。数学讨论的是从物体中抽象出来因而实际上不能独立存在（只能在思想中存在）的事物，"数学对象是不运动的"[①]；物理学或自然哲学则讨论能够独立存在的、可变的事物。然而，物理学和数学之间毕竟存在着联系，几门介于数学和物理学之间的"中间科学"或精密科学的存在便是明证。这样一来便产生了一些根本问题：数学与物理学的联系究竟是什么？

---

① 　Aristotle, *Metaphysics*, I, 989^{b}30.

它们之中谁更根本？数学在什么情况下才能应用于物理学，从而将变与不变在一定程度上结合起来？这些问题成为后来质和运动的量化，以及数学大规模应用于物理学，形成所谓的"数学物理学"的内在动力。

总之，无论是逻辑与形而上学之间的联系和冲突，还是一般与个别、数学与物理学之间的对立和张力，都体现了亚里士多德试图解决变化本身如何可能这一基本问题的努力，以及他的理论体系内部所蕴含的各种紧张关系。正是这些张力引发了中世纪对运动本性和质的强度变化的讨论，也促使 14 世纪的经院自然哲学家们试图以自己的方式消除或化解亚里士多德学说中的内在矛盾。正是在这一过程中，他们对质和运动进行了量化，从而做出了本书所讨论的那些运动学成就。不理解这一点，我们就看不清楚 14 世纪运动学在概念上的哲学根源。

三　14 世纪运动学的逻辑背景

从 15 世纪开始，欧洲学者就往往把牛津计算者当成自然哲学家，"计算者"这个称呼似乎把他们与数学和科学天然地联系在一起。但是如果我们从 14 世纪牛津的学术背景出发，那么就会发现：

> 计算者的著作也许并不是以公认的数学或自然哲学的姿态（guise）产生的，而是属于标准的逻辑论辩（logical disputations）练习。如果在这种论辩的背景下来考察，那么

牛津计算者的著作就好理解得多。[①]

　　这里所说的逻辑论辩指的就是诡辩。作为"计算"成就的顶峰，海特斯伯里和斯万斯海德的著作显示了逻辑、数学和自然哲学的共同影响。牛津计算者海特斯伯里的《解决诡辩的规则》本身就是一本逻辑教科书，他讨论的许多"运动学"问题其实都是在"诡辩"(*sophismata*)这一逻辑主题下进行的，不论这本书中包含着多少物理内容，它也"仍然被认为是逻辑的一部分，而不是部分是逻辑，部分是物理"[②]。斯万斯海德的《算书》也是一部"关于非真实的假想事例的著作，旨在用于论辩"[③]。

　　那么，逻辑与所讨论的那些数学物理主题有何关系？为什么海特斯伯里所讨论的那些诡辩中既包含逻辑主题，又包含物理主题呢？关于这个问题，学者们的见解不尽相同，比较有代表性的观点有以下两种：

　　（1）西拉、威尔逊等科学史家认为，虽然海特斯伯里等人的确讨论了物理问题，也提出了物理原理，但这样做并不是为了讲授自然哲学知识，而是为了用这些技巧来解决逻辑或语义学问题，如"命名"问题。使用物理概念有助于从诡辩中推出令人困惑的结果，以达到逻辑论辩(*disputatio*)的目的。为了导出和解释违反直觉的结果，既可以使用附范畴词(*syncategoremata*)和指代(supposition)理论等逻辑技巧，也可以使用数学和物理技巧。只

----

① 　Sylla (1982)，p. 542.

② 　Sylla (1982)，p. 558.

③ 　Sylla (1982)，p. 560.

不过现在物理概念被用于传统的逻辑诡辩。事实上，物理诡辩和逻辑诡辩无法严格地区分开。[1]

（2）科学史家默多克则认为，虽然 14 世纪的学者使用了逻辑，但如果认为他们只是在做逻辑，那就错了。"他们的确在做物理学或自然哲学，只不过使用了逻辑的、元语言的工具。"[2]海特斯伯里等人把用目标语言（object language）来表述的问题变成了用元语言来分析的问题。也就是说，他们不是直接去分析关于目标事物的问题，而是将这些问题转化成命题，就词项或命题给出解答，然后再变回到目标语言。

此外，指代理论之所以在 14 世纪被广泛应用于哲学和神学，可能与 13 世纪晚期对证据和确定性的关切有关。奥卡姆把这种关切推向了极端，导致知识（*scientia*）应有的确定性与科学所谈论的个体的彻底偶然性之间截然对立起来。既然确定性无法建立在偶然的个体基础上，那么就只能建立在关于这些个体的命题知识的基础上。也就是说，命题成了所要求的确定性的承载者。科学就是由这些命题构成的。这便为用指代理论这种概念工具来分析问题打开了大门。[3]

最后，在中世纪的人看来，"度量"（measure）大多被认为是一种"命名"（*denominatio*）的事情。因为要想澄清一个主词或基体（subject）的"命名"，就是要精确地描述出在某种特定情况下属于

---

① Sylla (1982), p. 547；Wilson (1956), p. 21.

② Murdoch (1982a), p. 196.

③ Murdoch (1975c), pp. 287-288.

它的谓词或属性。[1] 而是否要将某种属性赋予一个基体，经常要取决于这一属性在基体中的度的度量。[2]

西拉甚至认为，牛津计算者的影响之所以后来会衰落，他们的著作在法国、意大利等地使用了一段时间之后会受到批评，而且对后来科学革命的发起者没有明显影响，很可能与牛津的标准大学课程——关于诡辩的论辩有关。[3] "正如牛津计算者的早期成功要部分归因于14世纪早期牛津的课程和教育方法，课程和教学方法的转变（并不真正关心科学方法或真理）对其影响的衰落要负主要责任。"[4]因为牛津计算者的目的不仅仅是为了理解数学或基于亚里士多德理论的自然世界，而且也是为了给参加本科论辩的学生做准备，牛津的学生要想成为艺学学士，就必须参加本科论辩。这种本科论辩最常见的一种类型便与诡辩有关，其目的主要是为了训练本科生的逻辑和语言，对他们进行测试，挑选出最有能力的人。牛津计算者之所以受到特别重视，是因为他们的著作能够帮助本科生在哲学论辩中获胜，这是其早期流行的一个重要原因。然而，这些论辩的结果通常不会写下来或保存下来，这就意味着牛津计算者工作在这方面的影响不会有著作被保存下来。在科学革命的早期历史中，宗教和人文主义动机占主导地位，科学动机只是次要的。对计算者的大多数批评并非来自伽利略这样的科学家，而是来自人文主义者。批评者主要并不关心科学的进展，伊拉斯

---

① Murdoch (1975c), p. 282.

② Murdoch (1975c), pp. 317-318, n. 43.

③ Sylla (1986b), p. 694.

④ Sylla (1986b), p. 698.

谟(Desiderius Erasmus)或比韦斯(Ludovico Vives)等人对计算者
工作的主要批评就是过于琐碎和挑剔,布鲁尼(Leonardo Bruni)
甚至称他们为"野蛮的不列颠人"(barbari Britanni)。[①] 因此,只有
从逻辑等思想文化背景来考察牛津计算者的工作,我们才可以更
加真切地理解这些工作背后的动机及其兴衰。

四　质的量化与实际测量

既然 14 世纪的经院哲学家对质进行了量化,我们自然会产生
一个问题,这种量化是否可能实际进行测量或操作呢? 事实上,关
于质的量化的探讨很难付诸实际的应用或测量,这是因为,要使他
们的描述能够被赋予操作意义,必须满足以下假定[②]:

第一,强度可以在某个范围或幅度内变化,从零度(non
gradus)开始,一直到最高的度(summus gradus)。

第二,同一种质的不同强度可以根据其强度大小线性排列。

第三,质的所有不同可能强度构成一个连续统,以使强度在时
空中的变化能够连续。

(以上三条都是海特斯伯里等多数牛津计算者共同秉持的观
点,没有什么问题。)

第四,质的强度的差别是量的,即强度可以根据度标(scale of
degrees)进行排列,使得我们可以有意义地说,度与度之间相等的

---

① Sylla (1986b), pp. 695-698.

② Wilson (1956), pp. 144-146.

差值表示相等的质的距离。

　　这一假定的难以满足,阻碍了对牛津计算者理论的实际应用。因为热、颜色等强度量不同于长度、面积、体积、重量等广度量,虽然一个强度量的强度可以线性排列,使得我们有理由认为,一个强度大于、等于或小于另一个强度,但它们却不具备广度量所拥有的相加性(additive),即给定两个量 a＜b,一定可以找到 m,使得 ma＞b。广度量的相加性通过很简单的物理操作就可以实现,比如重量,我们不仅可以将不同的重量线性排列,而且可以选出重量单位,说一个重量比另一个重量重多少。而强度的度标却缺少这种量的含义,它们所指示的仅仅是一个线性排列中的先后位置。这里的度标可以用矿石的不同硬度来说明。如果一种矿石可以在另一种矿石上造成划痕,那么就说前者比后者硬度更高,但是说硬度 8 和 7 之差等于硬度 5 和 4 之差,这无法在操作上进行验证。

　　测量活动最终都要落实到刻度上,而刻度表达的是一种空间位置的差异。这就意味着,任何一种实际的测量,都必须保证该被测量的量能够从技术上还原到空间差异上。比如,温度的测量需要有温度计,而温度计的任务就是要把温度变化落实到水银柱或酒精柱的高度的变化这种空间差异上。一切测度仪器的末端都必须是一个"可视"的指示器,一切测量都必须将本来不可视的被测量者"通过技术"还原成肉眼可视的,可测量性取决于这种可还原性。而经院自然哲学家所说的质大都无法实现这一点,所以他们对质的量化很难实际进行测量。

　　第五,要想使默顿规则,即质的不同幅度之间的等价性能够得到具体应用,质的强度在时空中的给定分布就必须对应于某种可以实际测量的广度。然而,显然这只有在位置运动的情况下才是可能的,因为这时不同的速度分布可以对应于距离这一广度量。当我们说匀加速运动等价于一个速度等于其中间速度的匀速运动时,意思是指这两个运动在同一时间内所走的距离是相等的。然而对于质变的情形,却不存在这种可以实际测量的广度量,这时的默顿规则只是一个纯形式的或约定性的规则,用于对被赋予质的基体进行命名。①

威尔逊认为,默顿规则有两种可能的意义。除了用于对被赋予质的基体或运动进行命名之外,还可能指"强度的量"(quantities of intensity)之间的一种等价性,这种量被认为具有广度量的一切特征。笔者认为这是不正确的,因为正如西拉所指出的,牛津计算者还根本没有一种等价于"质的量"的概念,他们考虑的只是质的量化过程中的强度,"质的量"的概念只有到了奥雷姆才产生。原因在于,要想使奥雷姆的"质的量"的概念有意义,就必须能够把同一个质的量重新分配到更大的广度(伴随着更小的强度)或更小的广度(伴随着更大的强度)中。而对于亚里士多德的质的观念而言,质只有内在于一个基体才能存在,一种给定的质不可能从一个基体移到另一个基体,所以不可能考虑同样的"质的量"以不同的方式分布于更大或更小的广度中。因此,使用质的量这一概念是没有物理基础的。

此外,关于质的量化与自然的数学化的关系,笔者认为,正因为中世纪晚期所进行的质的量化和运动的量化仅仅是用量对质和

---

①   Wilson (1956),pp. 146-147;Sylla (1971),pp. 10-11.

运动进行量度,而并没有用量来取代质,所以质和运动的量化并不就是自然的数学化,而只是迈向自然数学化的至关重要的一步。关于自然的数学化,笔者认同柯瓦雷的看法:"古典科学是用一个量的世界取代了一个质的世界。这是因为(这一点亚里士多德早就清楚地知道)在一个数或几何图形的世界中是没有质可言的,在以数学为本体的王国中不会有它们的位置。不仅如此,现在也很容易理解,为什么古典科学(这一点很少被注意到)是用一个存在的世界取代了一个生成与变化的世界。正如亚里士多德也说过的,这是因为在数和图形中没有变化与生成。"①伯特也有类似的说法:"量、位置和运动,这些第一性质不是靠我们行使我们的能力就能与物体相分离的,但是它们是能够在数学上完全得到表示的特性,宇宙的实在性是几何的;自然的唯一根本特征是使某一数学知识成为可能的特征……第二性质是主观的……第二性质被认为是在自然中本身就真实存在的第一性质在感官这儿引起的效应。就对象本身而论,它们不是什么,只是名称。"②"伽利略科学最鲜明的特征就是它对数学的强调,它不仅用量排除了质,而且量本身也被认为可以用纯粹的几何术语来表达。"③也就是说,近代科学将数学看成了自然的本体,或者说认为自然本质上就是数学的,而中世纪的看法并没有这么强,质在中世纪的世界里仍占有重要位置。

---

①　参见柯瓦雷(2003),第4页。

②　参见伯特(2012),第65页。

③　Craig (1998), vol. 3, p. 837.

五　"根据想象"的推理

事实上,不仅质的量化无法付诸实际应用,甚至连我们认为理所当然可以进行实际测量的经过量化的运动,14世纪的经院哲学家也从未想过要把它们与实际世界联系起来。应当注意的是,牛津计算者及其中世纪的继承者关于运动学的讨论几乎完全是通过思辨和想象进行的,而不是基于具体的实验研究,也不可能允许这种研究。海特斯伯里本人并不认为自己是在研究自然哲学或物理学,他的兴趣一直是逻辑和数学上的。他完全不关心自己研究的情况是否与实在相对应,或者是否可以用实验检验。奥雷姆的"构形"也是虚构出来的,他所说的外在构形并没有实际的对应,充其量只能是在一定程度上"反映"物理和心理现象。① 不论是布雷德沃丁的定律还是默顿规则,14世纪的学者从未想过要用观察和实验加以证实。他们以这样一种彻底的"根据想象"(*secundum imaginationem*)的方式来描述质和运动的各种可能情形,并将一些规则应用到质、运动、力等事物的一切可以设想的变化上。例如,斯万斯海德在《算书》中关于长杆能否到达宇宙的中心的讨论以及对布雷德沃丁定律的各种拓展。至于这些情形是否真的与实在相符合,则完全不是他们所关注的事情,所以他们最后得到的是

---

① 我们在第五章中说过,关于"内在构形"在本体论上是否是实在的,科学史家们有着不同的看法,比如迈尔认为是实在的,克拉盖特则认为是不实在的。

一种"没有测量的物理学"[1]"没有自然的自然哲学"。[2] 比如默顿规则的一个推论——在一个从静止开始的匀加速运动中,在后半段时间里通过的距离是前半段时间里通过的距离的三倍——似乎可以进行实验检验,然而就目前所知,直到 1545 年左右,西班牙经院哲学家多明戈·索托(Domingo Soto)才第一次将默顿规则用于自由落体运动。[3] 他在《关于亚里士多德〈物理学〉的问题》中宣称,从某一高度下落通过一种同质介质的物体是"均匀地非均匀地"增加它的运动,即匀加速下落。他还引用了默顿规则,即速度由静止增加到 8 的匀加速运动所通过的距离,等于速度为 4 的匀速运动在相同时间内所通过的距离。不过,虽然索托相信自由落体运动是一种匀加速运动,但他并没有实际去测量。只有在伽利略那里,匀加速才不仅仅是一种假说性的定义,而是真实描绘了自然物体的下落。[4]

这种与经验没有任何关系的"根据想象"的推理是 14 世纪科学思辨的主要特征之一,迈尔在评价这一特点时说:

> 这些对自然过程的数学理解的尝试中只缺少一件事:思辨从未伴随着测量。我们的哲学家们从未想过要用经验去检验其计算结果……这种关于"计算"的准数学物理学仍然是一

---

① 　Maier (1955)，p. 397.

② 　Murdoch(1982a).

③ 　例如参见 Weisheipl (1968a)、Wallace (1997)等。

④ 　Grant (1996)，pp. 103-104. 关于中世纪的科学想象,可参见 Funkenstein (1986)、Grant (2004)等。

种局限于先验计算的纯粹演绎的学科,一般来说并没有把演绎发展到能够与经验相接触并被经验所检验。[①]

在《宇宙体系》的最后一卷中,甚至连迪昂也罕见地作出了比较清醒的判断,其中也强调了缺乏实际测量是 14 世纪学者工作的一个突出特征:

> 为了弄清楚隐含在奥雷姆、布里丹及其同时代人的学说中的一切思想财富,首先需要获得一种比这些人所掌握的更加完备的和深刻的数学知识,然后必须获得实验仪器和方法对物体及其运动做更精确地研究……首先,除了欧几里得《几何原本》的知识,还需要掌握阿基米德所创造的更高级的方法;复兴它们、重新发现其应用是 16 世纪的任务。然后,物理学家必须能够借助仪器作出精确细致地测量。这种技艺直到伽利略时代才被揭示出来。只要这两个前进步伐没有迈出,那么经院物理学就不可能超出 14 世纪巴黎学者为其设置的边界。[②]

那么,为什么会产生这样一种"根据想象"的推理呢?这或许与奥卡姆主义的一个基本主张有关,即"神能够创造一切不包含矛盾的东西"(*Deus potest facere mone quod fiery non includit*

---

① Maier (1955),pp. 383-384.

② Duhem (1913—1959),vol. 10,p. 45. 转引自 Randall (1962),p. 269.

contradictionem)。由此便可以超出亚里士多德自然哲学的范围来分析问题,从而进入逻辑可能性这一更广的领域。由"神的绝对权能"(*potential dei absoluta*)[①]所带来的对不确定性、偶然性和可能性的强调,其体现之一便是"根据想象"的推理。只要不违反矛盾律,一切逻辑可能性都可以被考虑。

　　另一个问题是,为什么经院哲学家一方面对质和运动进行量化,使用这么多数学手段,另一方面又不把所探讨的问题与现实和实际测量联系起来? 关于与实际测量的脱节,迈尔认为,这背后的深层原因部分在于,经院哲学家们确信,一种精密的测量,即使是最简单的情形,也在原则上是不可能的。因为我们用于度量事物的东西只有数,只有当事物是离散的时候,我们才可以精确地说出它的多少。而对于空间和时间中的连续量来说,我们却没有这样的度量单位。[②]　真正能够做出精密测量的只有神,而不是人。笔者认为,实际测量依赖量具(测量仪器),而近代所有的量具最终都是通过位置移动(刻度)来表征某种物理量的差异。这里面至少包含两个因素:第一,技术上远远没有准备好;第二,如前面所述,实际的测量都是通过对位置差异的辨别来实现的,如果原则上不能还原到这一步,便无测量可言。

　　至于与现实的脱节,则是个更为有趣的问题,它似乎包含着更为深刻的原因。这个问题很少有科学史家详细讨论过。就笔者所

---

　　① "神的绝对权能"是指上帝有能力做任何不包含逻辑矛盾的事情。因此,即使根据亚里士多德的物理学,宇宙中不存在真空,上帝也有创造真空的绝对能力。然而,上帝不能创造一个方的圆,因为这包含逻辑矛盾。

　　② Maier (1955), pp. 398-399.

见,比较深刻的看法是:"他们没能发展出一种实验方法也许来源于从亚里士多德那里继承的实体概念……对亚里士多德而言,每个实体都拥有一种内在原则主导着它的发展和存在,这一原则总是与其外部环境和谐运作。科学的观念就是去认识和理解这些内在原理或形式的运作。在这样一个世界,受控实验不会起什么作用,因为它们会干扰任何实体的常规环境,从而阻碍我们认识它的真实本性。而不干扰实体环境的实验并不会比观察其自然运作给出更多的信息。因此,实验往坏里说会起阻碍作用,往好里说则是多余的。"①尽管在中世纪的确做过一些实验,但它们主要是为了再现已知的效应,比如彩虹或磁。②

这里笔者还想在此基础上提出更进一步的想法。我们知道,文艺复兴时期自然哲学的基本思想是所谓的"物活论"(Hylozoism),它的基本原理是不应在受造的自然(*natura naturata*),而应在创造着的自然(*natura naturans*)中寻求自然的真正本质。自然不仅仅是受造物,它还分有原初的神性本质,因为神的力量充满了自然本身。造物主与被造物的二元论被抛弃。自然有能力从自身内部展开和获取形式,因而带有神的印迹。不应把上帝看作从外部进行干涉,而是上帝本身进入了自然过程。③近代的"自然规律"概念便是由此发展而来。近代认为,自然本身

---

① Sarah Waterlow, *Nature, Change, and Agency in Aristotle's "Physics,"A Philosophical Study* (Oxford: Clarendon Press, 1982), pp. 33-34;转引自 Grant (1996), pp. 159-160。

② Grant (1996), p. 160.

③ Cassirer (1951), pp. 40-41.

当中存在着独立的规律,人的理性也相应具有完全的自主性,人凭借理性便可以把握这种自然规律。而在中世纪的思想中,上帝随时都可以作为一种外界的力量干预自然,自然尚未具有近代意义上的独立性,当然也就没有近代的"自然规律"概念。而只有当我们相信自然本身当中蕴含着独立的规律时,才可能想到自然是否实际符合这些想象中的结论,进而去实际测量,验证自然是否符合某种规律。而在中世纪,这种世界观还根本没有建立起来。只有到了索托所在的文艺复兴时代,自然获得了一定程度的自主性,人们才可能朝实际测量的方向迈出第一步。

因此,在评价 14 世纪学者的成就时,我们不应以它们是否与近代科学的某些特征相似为标准。比如,不要指望经院哲学家会把得出的结果应用于自然,也不要因为他们没有做这种应用而进行指责,而要看它们是否能够更好地反映那个时代的精神特质。

不过,这种"根据想象"的推理也使得数学在自然哲学中得到了更多的应用,因为想象本来就是与数学紧密联系在一起的。阿奎那就曾把数学看成一门通过想象获得研究对象的科学,而物理学则是通过感官获得研究对象。[1] 14 世纪烦琐的运动学分析也使得一种新的数学成为必要,它们是三百多年后诞生的微积分的萌芽,也与伽利略的运动学有着复杂的关系。[2]

---

[1]　Livesey (1986), p. 64.
[2]　例如参见波耶(1977)中的相关章节。

六　14世纪知识的统一性:"分析的语言"

我们注意到,牛津计算者几乎从未谈论过抛射体运动的问题,而这一问题却是巴黎学派最关心的问题之一。此外,在16世纪的索托之前,一直都没有人将默顿规则与自由落体的加速联系起来。这是否意味着在14世纪一种被称为"力学"的明确的知识体系并不存在?事实的确如此。仅仅根据近代科学去衡量他们的所谓"力学"或"运动学"成就很容易产生误导,因为它容易让我们看不清晚期经院自然哲学的整体特征,我们很容易用现在的概念去解释14世纪的材料,而这些概念对经院自然哲学家来说是极为陌生的。正如西拉这样婉转地批评克拉盖特的工作:

> 对于克拉盖特来说,力学著作就像原始织锦上的金线。怀着对于金线的纯粹兴趣,克拉盖特仅仅追溯了它们的样式,这也许会给我们留下这样一种印象:真实织锦其余的部分是相当含混不清和单调乏味的。在克拉盖特的重构中,正是由于缺少有力的样式,将计算者与伽利略连接在一起的线才显得比原始织锦中实际的样子更加清晰可见,力学著作也比其他领域更少与实际情况相关联。当然我相信克拉盖特会同意,在《中世纪的力学科学》中,他是从关于当时各种思想活动的大量信息中挑出了专属于力学的证据,但这里的问题是,如果不是从社会和文化背景来看牛津计算者的著作,而是将这

些背景排除,我们是否能够更好地理解这些著作的本性和命运。①

14世纪的经院哲学家没有按照我们想象的那样做,是因为这样一种"力学"上的统一更适宜于17世纪而不是14世纪。但他们的确有他们自己的一种统一。迈尔在晚年写的一篇综述性的重要论文——"晚期经院自然哲学的'成就'"("'Ergebnisse'der spätscholastischen Naturphilosophie")中这样总结说:

> 从西方基督教思想史的一般背景看,晚期经院自然哲学标志着人对待自然的态度的一个新阶段:它第一次试图对自然做出一种独立的解释,这种解释是在纯哲学的层面上展开的,这在一定程度上导致了一种对自然的形而上学——认识论的新发现……它的成就与其说是改变了传统自然图景的内容,不如说是发现了人类理解和把握自然的新的方式。简言之,发生改变的是认识自然的方法……在这个意义上,晚期经院思想家获得了某些崭新而持久的东西,接下来几个世纪所遵循和拓展的正是他们开辟的这条道路,直到今天的研究也是如此。②

的确,如果说14世纪经院哲学家那里有什么统一性,那只能

---

① Sylla (1987a),p. 266.
② Maier (1964),pp. 433-434.

是方法上的,而不是内容上的。在笔者看来,科学史家默多克提出的所谓"概念语言"(conceptual languages)或"分析的语言"(languages of analysis)的说法能够比较恰如其分地概括 14 世纪思想的这种统一性。默多克特别强调 14 世纪科学或自然哲学与神学、逻辑等因素的统一性,认为必须"理解中世纪晚期自然哲学新的发展最鲜明的特征,同时看到这种新的'运动科学'(scientia de motu)与哲学(甚至神学)的关系"①。

默多克的说法源于科学史家穆迪的一篇重要论文:"中世纪哲学中的经验论与形而上学"。② 在这篇论文中,穆迪指出,13 世纪的哲学本质上是宇宙论的和思辨性的,14 世纪哲学则根本上是批判性的和分析性的,但穆迪并没有展开讲这种批判性和分析性具体体现在哪些方面。默多克的工作便是去揭示 14 世纪的科学或哲学如何是批判的和分析的。他所概括的"分析的语言"或概念工具主要有:③①"形式的增强和减弱"以及与之相伴随的"度"和"幅度";②"比例"的语言或计算法;③以指代理论为代表的中世纪的"新逻辑"(logica moderna),与指代理论密切相关的是奥卡姆的唯名论,它也为分析问题提供了一种新方法;④诉诸"神的绝对权能"(potentia Dei absoluta),从而将亚里士多德自然哲学中所隐含的物理可能性推到更广阔的逻辑可能性,这与其说是一种语言,不如说是一种新的"研究处方"(prescription for research);⑤关于

---

① Murdoch (1974), p. 58.

② Moody (1958).

③ Murdoch (1974), pp. 58-60. 默多克在不同文章里的细节说法不尽一致,但内容大同小异,基本思想是一样的。

无限值(infinite value)的讨论随处可见,比如无限的重量、无限的力、无限的时间延续以及各种无限的强度。

在中世纪的思想中,所有这些概念语言或规则可以说无孔不入,有时甚至是应用于不可能的情形。不仅是哲学,而且神学、医学、炼金术等各个领域都能找到它们的踪迹。默多克认为,14 世纪的分析和批判特征就表现在:①发展和运用这些新的"分析的语言"来处理传统的自然哲学和神学问题;②用这种"分析的语言"发明和解决新的问题。这样便为 14 世纪的各个学科赋予了一种"方法论上的统一性"。① 14 世纪自然哲学的许多问题有着浓厚的神学背景,许多概念和方法则源于医学和逻辑学。比如,质的量化问题起源于圣爱的加强和减弱问题,承继论可以较好地解释圣餐变体论,形式幅度学说则来自医学对健康幅度的探讨,等等。本书没有谈到的还有"天使物理学"(physics of angels)②如何影响了经院自然哲学对运动和连续性的认识,等等。这些知识的统一性不仅

---

① 默多克这方面的精彩文章有数十篇,最有代表性的有 Murdoch (1969)(1974)(1975c)(1978)(1979)(1982a)等。

② 在中世纪的人看来,天使指的是非物质的、无形的实体,也属于上帝创世的一部分。他们认为,亚里士多德学说中天球的推动者就是一些天使。"天使物理学"研究的问题包括,天使是否可以同时占据几个位置? 天使从一个位置移到另一个位置是否需要时间? 天使从一个位置移到另一个位置是否需要穿过整个距离? 天使是如何推动天球的? 等等。关于"天使物理学",参见 McGrade (2003), pp. 189-193 以及 Matthew Fox and Rupert Sheldrake, *The Physics of Angels: Exploring the Realm Where Science and Spirit Meet*, San Francisco: HarperCollins Publishers, Inc., 1996. 我们看到,这些问题在中世纪的思想体系中显得相当合理。至于我们经常挂在口头的一些说法,比如"中世纪陈腐的经院哲学经常探讨一些诸如'针尖上能站几个天使'这样的无聊问题",则很可能来自于启蒙主义者的编造,目的是嘲笑和诋毁中世纪。至少笔者从未见到'针尖上能站几个天使'这个问题在中世纪神学中的原始出处。

表现在内容上，更表现在方法上。只有认识到这一点，我们才会理解为什么 14 世纪的学者会在许多神学著作中使用形式幅度学说，或者去讨论布雷德沃丁的《论运动的比》。

七　研究中世纪科学史的意义

最后，笔者想结合本书所探讨的运动学内容，将话题作一拓展，对研究中世纪科学史的意义略作申辩。

中世纪作为古希腊和近代之间承上启下的过渡时期，其重要性是不言而喻的。每一个阶段的历史发展都不可能是无源之水，近代和近代科学并不是凭空产生的。不清楚这一段历史，就不可能深入理解近代和近代科学的起源。

就狭义的科学内容而言，伽利略等近代科学的开创者显然沿用了由中世纪所传承下来的许多概念和结论，在思想上也没有完全摆脱亚里士多德的理论框架，比如"幅度""度""冲力""重性"等概念仍然出现在伽利略的著作中。本书所探讨的运动学包含了不少这种狭义的科学传承的内容。

就更广的思想史意义而言，中世纪晚期为自然的数学化做了必要的准备。经过多位科学史家的深入研究，数学化已经被公认为近代科学最突出的特征之一。但自然的数学化在相当程度上并不起源于近代，而是两个世纪之前的 14 世纪。本书所探讨的质的量化和运动的量化正是数学化在中世纪最重要的体现。此外，通过中世纪科学史的研究，我们还可以深刻地体会到，哲学的基本问题是如何以不同方式潜藏在各种看似完全不同的领域和具体内容背后,从而更好地理解各个时代的学者为解决这些永恒的问题付出了怎样艰苦卓绝的思想努力。

事实上,研究中世纪归根结底是为了更好地了解我们自己。在笔者看来,我们这个时代所面临的最深刻和最迫切的问题就是,在科学昌明的今天,我们对世界似乎越来越失去了(本然的、蕴涵丰富感性的)理解,人在世界中的位置越发显得尴尬。而这一问题与自然的数学化有着最直接的联系。用科学思想史大师柯瓦雷的话说就是,近代科学

> 把一个我们生活、相爱并且消亡在其中的质的可感世界,替换成了一个量的、几何实体化了的世界。在这个世界里,任何一样事物都有自己的位置,唯独人失去了它。于是,科学的世界——真实的世界——变得与生活世界疏离了,最终则与之完全分开,那个世界是科学所无法解释的——甚至称之为"主观"也无法将其解释过去。[1]

科学史家伯特则给出了类似的说法:

> 人是在真实的、基本的王国之外的东西。显然,人不是一个适合于数学研究的题材。除了按照最贫乏之方式外,人的

---

[1]　柯瓦雷(2003),第 17 页。

行为不能用定量方法来处理。[①]

世界变成了一部无限的、单调的数学机器。不仅人类丧失了它在宇宙目的论中的崇高地位，而且在经院学者那儿构成物理世界之本质的一切东西，那些使世界活泼可爱、富有精神的东西，都被归并到一起，塞进这些动荡、渺小、临时的位置之中，我们把这些位置称为人的神经系统和循环系统。[②]

这个问题之所以基本，是因为我们就生活在一个由近代科学所开创的世界中，我们现代人所感受到的喜怒哀乐和精神苦闷，不断涌现的新的观念思潮和社会现象，都与它有着千丝万缕的深层关联。科学的世界变得与生活的世界疏离了，生活世界是科学所无法解释的。而要想真正深入地理解这一点，也许不仅要看数学化的思想在伽利略、笛卡尔等人那里是怎样表述的，还要看它在中世纪晚期是如何酝酿的。这样，我们才可以更深刻地理解近代科学的要素已经在何种程度上潜藏在中世纪晚期的思想之中，其发展道路已经在什么意义上由中世纪铺设好了。

事实上，不仅在科学方面是这样，甚至整个近代发展的种子都

---

① 伯特(2012)，第 70 页。
② 伯特(2012)，第 100 页。

可能潜藏在中世纪晚期的思想之中。[①] 要想理解现代性,理解近代的起源和产生,理解对古典遗产的传承和发展,中世纪恰恰是一个枢机。古典思想毕竟是经过中世纪的批判继承才得以重见天日的。经院哲学家以其特有的视角和方法来看待它们,原有思想体系内部包含的矛盾和张力也在他们那里以不同方式变现出来,并传至近代。可以说,中世纪晚期已经蕴藏着后来思想发展的一切可能性。中世纪所显露出来的人性在很大程度上正是现代的反面,通过理解中世纪的思想,我们可以更好地理解我们自己。在上帝的保证下,中世纪晚期的经院哲学家考虑的是问题的一切可能性,其逻辑上的彻底性和内在的张力甚至远远超过了现代。比如,试图把数学和逻辑应用于自然哲学和神学等领域,对一切事物进行度量,等等。虽然其中的许多思想都与现实无涉,经院思想家并不关心他们的结论是否与实际世界相符,但观念的形成毕竟是付

---

① 就笔者所知,在这方面,德国思想家汉斯·布鲁门伯格(Hans Blumenberg, 1924—1996)的著作最为出色。这方面的代表作是他的两部名著《近代的正当性》(*Die Legitimität der Neuzeit*)和《哥白尼世界的起源》(*Die Genesis der kopernikanischen Welt*),它们讨论的都是近代如何起源于中世纪晚期的唯名论思想和神学的唯意志论。《近代的正当性》一书论证了近代不是源于中世纪神学观念的世俗化,而是有其自身的正当性。它试图说明,从一个时代的观点来看不可设想的新观念是如何可能从前人观念的张力和松动中产生出来的。《哥白尼世界的创生》则把在中世纪向近代过渡过程中扮演重要角色的哥白尼革命作为典型案例,通过对前后两个时代思想背景和浩繁史料的细致入微的考察和分析,揭示了中世纪和近代之间的关系,在很大程度上为较早的《近代的正当性》一书提供了具体的论证范例,也为哥白尼世界如何成为可能并被接受下来、在此过程中哪些思想得到了重新解释、哥白尼学说后来产生重大影响的原因、中世纪晚期唯名论者所起的作用等诸多问题提供了全新的视角和深入的探讨。布鲁门伯格的这些著作以及其他一些著作很值得我们重视。此外,还有一些著作相当有启发力,比如 Funkenstein (1986)、Gillespie (2008)等。

诸实践的第一步,也是最重要的一步。在笔者看来,透过这些思想背景来看待整个历史,是研究科学史最有趣的地方。科学史是整个历史的一个侧面,它可以从一个独特的角度帮助我们洞悉人性和历史发展。

正因为此,这种对中世纪科学史背景的认识对于中国科技史的研究或许也有一些借鉴意义。目前,中国科技史在很大程度上都是一些实证性的研究,思想史的研究成果极为缺乏。不注重所研究对象的思想背景,只看重一些表面成果和结论,是当前中国科技史研究的普遍状况。正如一位学者在最近一篇文章中所说:

> 当西方科学史的研究者们早已对"辉格历史"避之惟恐不及的时候,研究中国科学史的大部分人还在自觉不自觉地在写作那样的历史。当迪昂那种能从中世纪经院哲学家的著作中"读"出近代科学的诸多发现的文本解读方法早已经受到批判的时候,我们却还在津津有味地从古人的只言片语中剥取这个定律或者那个原理的甜仁,开心地沉醉于一个又一个科学上的"世界最早"的发现。[①]

当然,对于中国科技史来说,要想扭转这种状况可能更难做到。但也正因为此,这或许才是更有意义和更值得努力的。科学不可能是无根的,西方科学背后有其深厚的哲学宗教土壤。如果

---

① 石云里:"研究别人和研究自己——关于国内西方科学史研究的点滴思考",《中国科技史杂志》2007 年第 4 期。

我们不考虑 14 世纪运动学背后的哲学和逻辑背景,只把那些所谓的运动学成果拿出来讨论,那么很可能会让我们暗地里认为它们并没有什么了不起,甚至显得愈发浅陋。然而如果我们知晓了这些背景,比如明白了 14 世纪的经院哲学家探讨的许多问题都是为了化解亚里士多德体系中的各种矛盾,他们对事物的度量与用概念来把握变化世界的"命名"等逻辑问题密切相关等等,那么这些科学成果就会立刻显得生动起来,我们对那些经院自然哲学家也会有更深的认同和尊重。在这个意义上,仅仅把 14 世纪的自然哲学看作科学革命的前一阶段是不够的,我们必须就其本身来考察它。同样,中国的科学也不例外。笔者相信,如果能够深入挖掘出中国的那些"科技成果"所扎根的丰厚土壤,那些成果本身也必将显得愈发富有内涵和生机。

对于科学史而言,越是古代的学问,就越不应极力充当科学的注脚。正如柯瓦雷所认为的,科学史应当运用概念分析的方法,着力揭示特定的科学思想、论证和概念的基础是什么,它们如何植根于当时的哲学、宗教等思想背景,从而帮助我们更全面、更深刻地认识历史、世界和我们自己。必须通过当时的时代来理解科学理论在何种程度和意义上是"正确"的,而不是通过我们的时代。中世纪科学史的研究更宜如此。

中世纪逻辑术语解释

一　诡辩（*sophisma*，*sophismata*）

所谓"诡辩"，其实并不像汉语的字面意思那样含有贬义，而是指一个通常显得有些怪异的命题（这里译成"诡辩"是为了突出 *sophisma* 与后来的 sophism 一词在词源上的联系）。它可以以两种不同方式［显示为 *probatur*（被证明的）和 *improbatur*（未被证明的）］进行解释，通常其中一种是恰当的。有时这"两种不同方式"就反映于诡辩的阐述本身，因为初看起来，它包含着两个看似矛盾的要素。应答者必须对该陈述的真值持某一立场，同时回答对手的问题而不陷入逻辑矛盾。诡辩在中世纪的用法很广，有时指被一个貌似有效、实际无效，或者貌似无效、实际有效的论证支持的命题；有时指被一个前提为假、貌似为真，或者前提为真、貌似为假的有效论证支持的命题；有时指基于不同的论证，表面上既可以被肯定也可以被否定的命题。总之，诡辩的特征是难以捉摸、与常识不符、似是而非。[①]　中世纪对"诡辩"的讨论源于亚里士多德

----

① 　Wilson（1956），p. 4.

的《辩谬篇》。在 14 世纪之前,诡辩几乎完全是逻辑和语法方面的,它们是一些有欺骗性的或令人困惑的命题,对它们的处理需要运用一套规则或区分。也就是说,诡辩本身提供了确证这些规则的例子(通常十分怪异),运用规则是为了"解决"这些例子(事实上,只有当它们被解决之后,才可以正当地称它们为确证性的例子)。[①] 在"解决"这些诡辩过程中,学生们会变得对这些规则越来越熟悉,并能熟练使用它们。在 13 世纪末 14 世纪初,这一过程被运用到了自然哲学中,相关的诡辩既是逻辑的又是物理的。

二　指代(*suppositio*)

13 世纪早期,在阿贝拉尔(Peter Abelard)辩证法的影响下,巴黎大学产生了一种"新逻辑",其关键革新便是指代理论。指代的研究源于在命题中精确用词的需要,以避免悖论。

理解"指代",需要先弄清楚"范畴词"(*categoremata*)和"附范畴词"(*syncategoremata*)。经院哲学家对凡能在命题中充当主词和谓词的词项称为"范畴词",它能够单独表义,如"人""驴""红的"等,大致相当于我们说的实词;而必须结合范畴词才能表义的词项称为"附范畴词",如"并且""如果""所有"等,大致相当于我们说的

---

① 　Murdoch (1975c), pp. 303-304.

虚词。"指代"则是范畴词在命题中指涉个体的一种属性[1]，涉及某个词项在给定命题中代表某种事物的不同方式。例如，在"那个人在辩论"这句话中，"那个人"有具体指代，指单个的确定的个人。而在"某个人在辩论"或"每个人在辩论"中，主词的指代就不对应着具体的确定的个人。简言之，指代的定义大致为：范畴词在命题中代表它所指的东西。

指代可以分为"分立指代"(*suppositio discreta*)和"普遍指代"(*suppositio communis*)，"普遍指代"又可分为"本性指代"(*suppositio naturalis*)和"偶性指代"(*suppositio accidentalis*)，"偶性指代"又可分为"简单指代"(*suppositio simplex*)和"人称指代"(*suppositio personalis*)，"人称指代"又可分为"确定的指代"(*suppositio determinata*)和"模糊的指代"(*suppositio confusa*)，等等。这种分类依不同的作者而有所不同，其具体定义这里不再详述。

指代与意谓(*significatio*)不同，在逻辑上后于意谓。意谓是一个声音或符号的属性，使之可以指示超出自身的某种东西，所以可以用作言语或命题中的范畴词。而指代则是一个已经有所意谓的词项在命题中的属性。一个范畴词离开命题无指代，只有意谓。

以指代理论为代表的新逻辑不仅为经院哲学提供了关于意义和真理的理论，而且也提供了一种分析工具，用它可以处理几乎任

---

① 希雷斯伍德的威廉在其著名的逻辑著作《逻辑导论》的第五部分中这样说："词项有四种属性，我们现在着重来加以区分。因为认识它们的属性有助于认识词项以及认识表述和命题。这些属性是意谓(*significatio*)、指代(*suppositio*)、连接(*copulatio*)和称呼(*appellatio*)。"转引自威廉·涅尔、玛莎·涅尔(1985)，第319页。

何问题,无论是逻辑的、认识论的、本体论的、形而上学的、物理学的,还是"论运动"的。[①] 因为根据指代理论,经院哲学家们就好像不再谈论某一问题中所涉及的具体事物,而是将问题还原为命题,其中的词项代表或指代这些事物。于是,澄清词项在一个给定命题中所具有的指代,便成为解决问题的一个标准方法。

三 命名(*denominatio*)

所谓"命名",就是确定在何种条件下一个基体可以被说成如此这般的,比如是"白的",或在"跑"。例如,一个人从静止开始运动,并且逐渐增加速度,那么在什么条件下我们可以称他在"跑"?正是由于我们的世界是变动不居的,个体可以在不同程度上具有某种属性,概念无法精确地把握对象,"命名"问题才会出现,因为我们需要判定一个个体在何种条件下才可以说成是某个词项的指代对象(*suppositum*)。海特斯伯里试图建立一套与日常语言相关,但在数学上足够精确的规则,来确定一个基体在各种可能的变化情况下如何来命名。

举例来说,在诡辩 5——"每一个白人在跑"(*Omnis homo qui est albus currit*)中,海特斯伯里讨论了在何种条件下一个人才能被称为"白的"。比如,有人主张一个事物可以被称为白的,当且仅当它的每一个部分都是白的。但这样一来,每一个白人都会被排除在外,因为人的血和肉都不是白的。还有人主张,一个事物可以

---

① Murdoch (1974),p. 59.

被称为白的,当且仅当它有超过一半的部分是白的,同样也可提出相反的意见。海特斯伯里认为正确的规则是,对于无生命的对象而言,它被称为白的,当且仅当它有超过一半表面是白的。而一个人可以被称为白的,当且仅当他脸的皮肤是白的,或者脸的某一部分是白的。由这种规则会产生一些奇怪的结论,比如如果苏格拉底的脸是白的,其余皮肤是黑的,而柏拉图的脸是黑的,其余皮肤是白的,则仍然可以说苏格拉底是白的,柏拉图是黑的。

此外,由于在某一点上的白会有强度变化,所以需要给出进一步的规则来确定,一个物体需要具有何种程度的白才能被说成是"白的"。海特斯伯里主张,在白的强度可能的变化幅度或范围中,以中间的强度为界限,超过它的强度就可以命名为"白的"。[①] 同样,我们也可以制定出规则,讨论如果苏格拉底开始运动并且增加他的速度,那么在什么速度上可以说他在"跑"。

---

① Wilson (1956), pp. 21-24.

主要人物小传^①

一 戈德弗雷（Godfrey of Fontaines，约 1250—约 1306/9）

　　戈德弗雷是 13 世纪末巴黎大学最重要的哲学家和神学家之一。1274 年,他在巴黎大学完成了艺学院的哲学学习,然后继续学习神学,并在巴黎大学教授神学。他对哲学的主要贡献是在形而上学方面。他的学说也许可以被称为一种关于潜在与现实的形而上学,因为他经常用这些概念来解决一些形而上学问题,如本质与存在的关系、可能存在与现实存在的关系、实体与偶性的关系、理智与意志的原因、原初质料的本性及其与实体形式的关系等。他的哲学思想和形而上学更多是亚里士多德主义的,而不是新柏拉图主义的。其最主要的著作是包含 15 个论辩的《自由论辩集》(*Quodlibeta*)。与本书相关的是,戈德弗雷被认为在《自由论辩集》的第 11 个论辩问题 3 中第一次提出了形式的增强和减弱的承

　　① 本节内容主要参考了 Gillispie (1970—1980)；Craig (1998)；Standford 哲学百科全书：http://plato. stanford. edu/entries/ockham；Glick et al (2005)；Clagett (1968a)等资料。

继论,后来这一理论被伯利所详细阐述。

二 伯利[Walter Burley(或 Burlaeus, Burleigh),约 1275—约 1345]

伯利是 14 世纪经院哲学家中最著名和最有影响力的人物之一,也是早期牛津计算者的代表人物。他 1301 年之前在牛津大学获得艺学硕士学位,1305 年他成为默顿学院的成员。不过从 1310 年开始在巴黎大学学习神学,并于 1324 年之前获得神学博士学位。他曾数次作为英王爱德华三世的特使出使教廷。他写过大约 50 部著作,大多都与逻辑和哲学有关,其中许多都是对亚里士多德著作的评注,在中世纪晚期流传很广。

伯利在逻辑方面的代表作是《论逻辑技艺的纯粹》(*De puritate artis logicae*)。他通过指定第一瞬间和最后瞬间为时间过程设置界限,即区分了内极限和外极限,这一区分成为后来处理相关问题的标准做法。在《论第一》(*Tractatus primus*,1320—1327)中,他详细阐述了他关于形式的增强和减弱理论:奥卡姆认为运动只是一种"流动的形式",最终的形式或目标代表着整个运动,它以某种方式包含着过程中所获得的种种形式;而在伯利看来,运动是一种"流"或"形式的流动",运动的每一个瞬间都对应着一个不同的形式,这些形式既不是运动目标的一部分,也不包含在运动目标之中;这些形式中没有一个能够代表整个运动。由于反对奥卡姆的论证,他在许多时候被认为是一个实在论者,但也许把他看成一个过渡性的亚里士多德主义者更准确,即介于阿奎那、司各脱的温和实在论和奥卡姆、牛津计算者的极端唯名论之间。

在自然哲学方面,伯利最著名的是持形式的增强和减弱的承继论。在《论形式的增强和减弱》(*De intensioe et remissione formarum*)这部著作中,他详细阐述并捍卫了这种理论,使他成为承继论的主要代表人物。承继论认为,物体在被加热时,每一瞬间都会失去热的原有的度,同时获得更高的度。热有无限多个不可分的度,任何两个度之间都有其他的度。在伯利看来,位置、质和量都是个别的和简单的。物体在某一瞬间只能有一个位置、一种质和一种量。例如,在质的情况下,认为物体同时包含热又包含冷,共同产生可感的结果,这在伯利看来不仅是错的,而且是自相矛盾的。在伯利看来,像热和冷这样的质根据定义就是可感的。根据这种看法,一种质也不可能是另一种质的一部分。类似的结论也适用于位置和量。形式就像点一样,是分离的,而不可能是连续的。

三 布里丹(Jean Buridan,约 1300—约 1358)

布里丹是 14 世纪巴黎大学最著名和最有影响力的自然哲学家。他曾于 1328 年和 1340 年两度出任巴黎大学校长,在当时的同事、学生和教会中享有崇高的威望。在科隆大学档案馆中保存的一份日期为 1425 年 12 月 24 日的文件,把刚刚过去的世纪称为"布里丹时代"。

与同一时期的大多数重要哲学家不同,布里丹从未进入神学系学习。在《辩证法大全》(*Summula de dialectica*)这本逻辑教科书中,他对巴黎大学传统的命题逻辑作了补充和修正,这包括提出了一种唯名论的语义学,以及分析包含意向动词和自指悖论的命题的技巧。除逻辑著作之外,他的所有著作都是对亚里士多德著作的评注和疑问集。在关于《物理学》和《论天和世界》的疑问集中,他虽然将亚里士多德的概念框架作为自然哲学的假说,但却提出了一些替代性的假说,认为它们不仅在逻辑上可能,而且在解释特定现象时更为可取。在形而上学方面,布里丹的唯名论不仅涉及否认共相的存在,而且涉及精简实体的数目,共相只是其中一种。然而,他与同时代的其他唯名论者的区分在于,他在解释特定种类的物理变化时持一种实在论观点,他认为位置运动是内在于运动者之中的一种质。

布里丹在科学哲学上的历史重要性体现在两方面。①他证明自然哲学是一种独立的、可敬的研究。②他对科学事业的目标和方法论的规定保证了科学相对于教条式的神学和形而上学的自主性。这一成就与 14 世纪所谓的唯名论运动和由奥卡姆学说在牛津大学和巴黎大学所引发的争论有密切的关系。虽然亚里士多德的权威经常由于他的主张与基督教教义相抵触而受到挑战,但在布里丹的时代,它开始由于不能完全作为一种对观察事实的科学论述而受到挑战。布里丹仍把亚里士多德的物理学和宇宙论中所使用的总的概念框架当作自然哲学的工作假说,但这一框架并不是神圣不可侵犯的,布里丹经常会用一些逻辑上可能的替代性假说来解释观察到的现象。

在这种思想的指导下,布里丹在自然哲学方面提出了他最为人所知的冲力(*impetus*)理论,他用这种理论来解释抛射体运动和自由落体的加速。比如，布里丹在关于《物理学》的疑问集中就提出，抛射者从一开始就给抛射体注入了一种不会损耗的冲力，它的强度用物体的速度和"物质的量"（quantity of matter）来量度（类似于牛顿力学中的动量）。正是这种冲力推动着物体一直运动，除非物体由于受到阻力而慢慢停滞下来。利用冲力理论，布里丹解释了长期困扰哲学家的一个困难问题，即自由落体为什么会加速。他认为，在物体的下落之初，物体只受自然重力的作用，所以下落速度较慢。但是在下落过程中，物体会获得与运动速度成比例的冲力，下落的速度越快，物体所获得的冲力就越大，而物体所获得的越来越大的冲力又会反过来与重力共同作用于物体，从而使下落速度进一步加快。

四　布雷德沃丁（Thomas Bradwardine，约 1300—约 1349）

默顿学派或牛津计算者的领袖人物，1323 年成为默顿学院成员，1349 年任坎特伯雷的大主教，同年因染上瘟疫而去世。他将逻辑和数学工具应用于对自然哲学的分析中，对后来的学者影响很大。他与自然哲学相关的主要著作有以下几部。

（1）《论运动速度的比》（*Tractatus de proportionibus velocitatum in motibus*，1328），这是他最有影响的著作。他将严格的数学方法运用到动力学领域，试图找到一个能够表示推动力、阻力和速度之间关系的精确的数学法则，作为对亚里士多德运动定律的重新诠释。他在《论运动速度的比》中给出了一个运动定律,用现代术语来说就是,随着推动力 F 与阻力 R 之比几何地增加,速度 V 算术地增加。这一定律或函数后来成为 14 世纪自然哲学家在讨论速度变化时所共同遵守的前提。

(2)逻辑著作《论开始和停止》(De incipit et desinit),试图为物理变化或物理过程指定内边界或外边界。

(3)《论连续》(Tractatus de continuo),试图反驳反亚里士多德的不可分主义或原子论,揭示一切知识领域中原子论的荒谬性。它采取的欧几里得《几何原本》的公理化方法,无论在形式上还是内容上都是数学的。

他也是一位著名的神学家,被誉为"深奥博士"(Doctor Profundus),其主要神学著作是《论上帝作为原因,反佩拉纠》(De causa Dei contra Pelagium et de virtute causarum ad suos Mertonenses)[亦称《深奥博士大全》(Summa Doctoris Profundi)],这是他在牛津大学的神学讲座,其中也包含了一些与自然哲学相关的问题。

五　海特斯伯里(William Heytesbury,1313—1372/3)

默顿学派或牛津计算者的主要成员之一,1330 年进入默顿学院,1348 年成为神学博士,1371—1372 年任牛津大学校长。其所有著作都与逻辑相关。他的著作在 15 世纪的意大利特别流行。他最有名的两部著作是:

(1)《诡辩》(Sophismata,1335),其中包含了对 32 个诡辩的

详细分析。在这些诡辩中,前 30 个属于逻辑诡辩,最后两个属于物理诡辩。

(2)《解决诡辩的规则》(*Regulae solvendi sophismata*,1335)是一本逻辑的教科书,最后一章在位置、量、质三个范畴下给出了对运动或变化的量化描述,其主要目的是在给定的范畴内确定恰当的速度。海特斯伯里在这里发展了匀加速运动的数学,给出了匀速运动、匀加速运动、瞬时速度的定义以及将匀加速运动与匀速运动联系起来的默顿规则或中速度定理。默顿规则说,一个物体匀加速运动所经过的距离,等于这个物体在同样时间内以初速度和末速度的中间值匀速运动所走过的距离。由默顿规则可以得到许多有用的推论,比如初速度为零的匀加速运动在前一半时间内走过的距离等于在后一半时间内走过距离的 1/3。由此便可以很自然地推广到伽利略的一条核心的运动学定律,即匀加速运动在相等的时间段内所走过的距离成奇数比。

六　斯万斯海德(Richard Swineshead,
活跃于约 1340—1355)

默顿学派或牛津计算者的主要成员,被誉为"那位计算者"(the Calculator)。《算书》(*Liber calculationum*,约 1350)是他最出名的著作,主要因其将数学广泛应用于物理学而闻名。《算书》是一部关于"计算"的百科全书,其中几乎包含了 14 世纪在这一领域所取得的一切成就,而且也代表着中世纪对布雷德沃丁定律最辉煌的应用和发展。莱布尼茨称是斯万斯海德第一次把数学引入了经院哲学。除了《算书》，他可能还写过《小作品》(*opuscula*)《论运动》(*De motu*)《论位置运动》(*De motu locali*)等著作。

在《算书》中，斯万斯海德预设了一种亚里士多德主义的物理学，寻求对它的逻辑上恰当、数学上精确的讨论。《算书》为计算物理变量及其变化提供了复杂的技巧，旨在使读者能够处理物理、逻辑、医学、神学等各种问题。它对真实的和想象的物理量的各种复杂变化，以及涉及这些量从零到无穷变化的诡辩做了大量探讨。其中也提出了不少与海特斯伯里不同的规则来度量质和运动。在涉及如何度量一种质的给定分布时，斯万斯海德似乎并不急于断言哪种观点应当接受，而是通过逻辑和数学，显示各自能够推出什么样的结果。对他而言，最重要的并不是在各种理论中做出选择，而是结果的穷尽性和严格的证明。斯万斯海德也曾就匀速运动、匀加速运动、瞬时速度等术语给出了和海特斯伯里完全类似的定义，并且证明过默顿规则。

《算书》中最著名的一个例子是，斯万斯海德把布雷德沃丁的函数应用于一个长杆在宇宙中心附近的运动问题。即假设介质无阻力，那么在自由落体情况下，这根长杆的中心能否到达宇宙的中心。因为根据亚里士多德的运动学说，长杆通过宇宙中心的部分会被看成对其连续运动的阻力，而还没有通过的部分被看成造成运动的推动力。斯万斯海德对这个问题的数学解决也许是《算书》中最复杂的部分，他得出的答案是，长杆的中心和宇宙中心永远也不可能重合。

七　奥雷姆(Nicole Oresme,约 1320—1382)

巴黎学派的代表人物之一,被誉为"14 世纪自然哲学家中最伟大的天才"[1]。他 1320 年前后生于卡昂(Caen)附近的一个村庄。14 世纪 40 年代在巴黎大学接受艺学(arts)训练,师从巴黎学派的领袖让·布里丹。1348 年获得艺学硕士学位,1355 年或 1356 年获得神学硕士学位。应法王查理五世要求,从 1369 年开始,奥雷姆开始把亚里士多德的著作译成法文,并作评注。1362 年被任命为鲁昂(Rouen)大教堂教士,两年后升任教长。1377 年,奥雷姆被任命为利雪(Lisieux)主教。1382 年 7 月 11 日在利雪去世。

奥雷姆他写过三十多部著作。关于他的科学思想,最受后人关注的有以下几个方面。

(1) 提出构形(configuration)学说或图示法,用几何的方法来表示质的强度或运动速度在时间或空间中的变化,并用这一方法证明了默顿规则。对构形学说的阐述主要包含在他于 14 世纪 50 年代写的《论质和运动的构形》(*Tractatus de configurationibus qualitatum et motuum*)一书中。在这部著作中,奥雷姆用二维(还可以推广到三维甚至四维)图形来表示一个物体中质的强度的假想的均匀和非均匀分布,以及随时间变化的假想的均匀速度和非均匀速度。他试图根据由此得到的构形来解释各种物理作用,以

---

① 　Maier (1952),p.270.

及人的感情、神秘力量、美学问题等。这种图示法从表面上看非常类似于后来的解析几何，以至于奥雷姆被许多学者看作解析几何的发明者或先驱。他所给出的对默顿规则的几何证明非常类似于伽利略在《两门新科学的对话》中对自由落体运动定律的证明。由此不仅奥雷姆的这部著作成为科学史的重点关注对象，而且也引起了关于 14 世纪对近代物理学的影响的广泛讨论。

（2）对非正整数指数幂和无穷级数的研究。在《比的算法》（*Algorimus proportionum*）中，他第一次就涉及分数指数的比的乘法和除法（在他那里称为加法和减法）系统地提出了一系列指数运算规则。在《论比的比》（*De proportionibus proportionum*）中，奥雷姆把布雷德沃丁于 1328 年提出的用于表示力、阻力和运动速度之间的指数关系推广到任何有理和无理指数幂（这些指数即所谓的"比的比"），并证明两个未知比例之间很可能是不可公度的，据此反驳了占星术的数学基础。在《关于欧几里得几何的疑问》（*Quaestiones super Geometriam Euclidis*）中，他证明了调和级数是发散的，还给出了级数收敛和发散的判定方法。

（3）对占星术的反驳。在《亚里士多德的〈论天和世界〉》《论天的运动的可公度性和不可公度性》（*De commensurabilitate sive incommensurabilitate motuum caeli*）等著作中，他根据两个未知的比例之间很可能是不可公度的这一结论，证明了天球的圆周运动速度的不可公度性，行星的相合无法预言，从而证明占星术基于对行星相合、相冲的精确确定所作的预言是无效的。

（4）对地球运动的可能性作出论证：在《亚里士多德的〈论天和世界〉》（*Le livre du ciel et du monde d'Aristote*）等著作中，提出了多重世界和地球绕轴周日旋转的可能性,并为此提供了许多强有力的论证。不过他只是讨论了这些假说的可能性,最后仍然得出了地球静止的传统结论。在这本书中,奥雷姆还提出了天是一座机械钟的隐喻。他并没有像布里丹那样用冲力来解释天的运动,因为他认为冲力会导致加速运动,而天球的运动是匀速的。

人名译名对照[①]

托马斯·<u>阿奎那</u>,Thomas Aquinas(1225—1274)

维拉诺瓦的<u>阿纳尔德</u>,Arnald of Villanova(约 1240—1311)

<u>阿威罗伊</u>,Ibn Rushd(Averroes)(1126—1198)

<u>阿维帕塞</u>,Ibn Bajjah(Avempace)(约 1095—1138)

<u>阿维森纳</u>,Ibn Sina(Avicenna)(980—1037)

<u>奥卡姆</u>的威廉,William of Ockham(约 1300—1349/50)

彼得·约翰尼斯·<u>奥利维</u>,Petrus Johannis Olivi(1248—1298)

尼古拉·<u>奥雷姆</u>,Nicole Oresme(约 1320—1382)

卢多维科·<u>比韦斯</u>,Ludovico Vives(1493—1540)

<u>波埃修</u>,Boethius(约 475—524)

<u>波纳文图拉</u>,Bonaventura(1221—1274)

<u>柏拉图</u>,Plato(前 427—前 347)

沃尔特·<u>伯利</u>,Walter Burley(Burlaeus)(约 1275—约 1345)

托马斯·<u>布雷德沃丁</u>,Thomas Bradwardine(约 1300—约 1349)

让·<u>布里丹</u>,Jean Buridan(约 1300—1358)

莱奥纳多·<u>布鲁尼</u>,Leonardo Bruni(1370—1444)

大<u>阿尔伯特</u>,Albertus Magnus(1200—1280)

爱德华·扬·<u>戴克斯特豪斯</u>,Eduard Jan Dijksterhuis(1892—1965)

皮埃尔·<u>迪昂</u>,Pierre Duhem(1861—1916)

约翰·<u>邓布尔顿</u>,John Dumbleton(？—约 1349)

---

① 带有下划线的部分为文中实际出现的名称。此文按照下划线部分的汉语拼音排序。

约翰·菲洛波诺斯,John Philoponus(约 490—约 570)

盖伦,Galen(129—约 210)

爱德华·格兰特,Edward Grant(1926—)

罗伯特·格罗斯泰斯特(Robert Grosseteste,约 1168—1253)

枫丹的戈德弗雷,Godfrey of Fontaines(约 1250—约 1306/9)

根特的亨利,Henry of Ghent(约 1217—1293)

查尔斯·霍默·哈斯金斯,Charles Homer Haskins(1870—1937)

威廉·海特斯伯里,William Heytesbury(1313—1372/3)

威廉·华莱士,William A. Wallace(1918—)

伽利略·伽利莱,Galileo Galilei(1564—1642)

布鲁塞尔的杰拉德,Gerard of Brussels(活跃于 13 世纪上半叶)

金迪,Al-Kindi(约 801—约 866)

亚历山大·柯瓦雷,Alexandre Koyré(1892—1964)

马歇尔·克拉盖特,Marshall Clagett(1916—2005)

罗吉尔·培根,Roger Bacon(约 1214—1294)

罗吉尔·斯万斯海德,Roger Swineshead(? —约 1365)

彼得·隆巴德,Peter Lombard(约 1100—1160)

安内莉泽·迈尔,Anneliese Maier(1905—1971)

康斯坦丁·米哈尔斯基,Konstantyn Michalski(1879—1947)

约翰·默多克,John E. Murdoch(1927—)

乔治·莫兰德,A. George Molland(1941—2002)

欧内斯特·穆迪,Ernest Moody(1903—1975)

帕尔玛的布拉修斯,Blasius of Parma(约 1345—1416)

萨克森的阿尔伯特,Albert of Saxony(约 1316—1390)

林恩·桑代克,Lynn Thorndike(1882—1965)

约翰·邓斯·司各脱,John Duns Scotus(1265/1266—1308)

理查德·斯万斯海德,Richard Swineshead(活跃于约 1340—1355)

多明戈·索托,Domingo Soto(1494—1560)

斯蒂芬·唐皮耶,Stephen Tempier(? —1279)

海因里希·魏莱特纳,Heinrich Wieleitner(1874—1931)

詹姆斯·魏斯海普,James A. Weisheipl(1923—1984)

伊迪丝·达德利·西拉,Edith Dudley Sylla(? —)

伊拉斯谟,Desiderius Erasmus(1469—1536)

辛普里丘,Simplicius(6 世纪)

英根的马西留斯,Marsilius of Inghen(1330—1396)

亚里士多德,Aristotle(前 384—前 322)

参考文献

1. 外文文献

Adams, Marilyn McCord (1989). *William Ockham*. 2 vols. Notre Dame: University of Notre Dame Press.

Apostle, Hippocrates George (1952). *Aristotle's Philosophy of Mathematics*. Chicago: University of Chicago Press.

Aristotle (1984). *The Complete Works of Aristotle*. The Revised Oxford Translation. 2 vols. Edited by Jonathan Barnes. Princeton: Princeton University Press.

—— (2002). *Posterior Analytics*. 2nd ed. Translated with a Commentary by Jonathan Barnes. Oxford: Oxford University Press.

Bacon, Roger (1928). *The Opus majus of Roger Bacon*. Translated by Robert Belle Burke. 2 vols. Philadelphia: University of Pennsylvania Press.

Blumenberg, Hans (1987). *Die Genesis der kopernikanischen Welt*. Frankfurt/Main: Suhrkamp, 1975. Translated into English as *The Genesis of the Copernican World* by Robert M. Wallace, MIT Press.

Böhner, Philotheus (1952). *Medieval Logic: An Outline of Its Development from 1250 to c. 1400*. Manchester: Manchester University Press.

Boyer, Carl B. (1945). "Historical Stages in the Definition of Curves." *National Mathematics Magazine* **19** (6): 294-310.

—— (1959). *The History of the Calculus and Its Conceptual Development*. New York: Dover Publications.

—— (1989). *A History of Mathematics*, 2nd edition. New York: Wiley.

—— and Merzbach, U. C. (1991). *A History of Mathematics*. John Wiley & Sons, Inc.

Broadie, Alexander (1993). *Introduction to Medieval Logic*, 2nd edition. Oxford : Clarendon Press.

Burton, Dan (2007). *Nicole Oresme's De Visione Stellarum* (*On Seeing the Stars*): *A Critical Edition of Oresme's Treatise on Optics and Aatmospheric Refraction*. Leiden: E. J. Brill.

Burtt, Edwin Arthur (1954). *The Metaphysical Foundations of Modern Physical Science*, revised edition. New York: Doubleday.

Butterfield, Herbert (1966). *The Origins of Modern Science 1300-1800*, revised edition. New York: Free Press.

Cassirer, Ernst (1955). *The Philosophy of the Enlightenment*. Translated from German by Fritz C. A. Koelln and James P. Pettegrove. New Jersey: Princeton University Press, 1951.

Calinger, Ronald (1999). *A contextual History of Mathematics*, Prentice Hall.

Cantor, Moritz (1913). *Vorlesungen über Geschichte der Mathematik*. (zweiter Band, von 1200-1668) Leipzig.

Caroti, Stefano (1989). (ed.) *Studies in Medieval Natural Philosophy*. Florence: Olschki.

—— (1993). "Oresme on Motion (*Questiones super Physicam*. III, 2-7)." *Vivarium* **31**: 8-36.

Clagett, Marshall (1941). *Giovanni Marliani and Late Medieval Physics*. New York: Columbia University Press.

—— (1948). "Some General Aspects of Physics in the Middle Ages." *Isis* **39**: 29-44.

—— (1950). "Richard Swineshead and Late Medieval Physics (1)." *Osiris* **9**: 131-161.

—— (1956). "The *Liber de motu* of Gerard of Brussels and the Origins of Kinematics in the West." *Osiris* **12**: 73-175.

—— (1959). *The Science of Mechanics in the Middle Ages*. Madison:

University of Wisconsin Press.

—— (1964a). *Archimedes in the Middle Ages*, 5 vols. Madison: University of Wisconsin Press.

—— (1964b). " Nicole Oresme and Medieval Scientific Thought. " *Proceedings of the American Philosophical Society* **108** (4): 298-309.

—— (1968a). *Nicole Oresme and the Medieval Geometry of Qualities and Motions; a Treatise on the Uniformity and Difformity of Intensities Known as Tractatus de Configurationibus Qualitatum et Motuum.* Madison: University of Wisconsin Press.

—— (1968b). "Some Novel Trends in the Science of the Fourteenth Century. " *Art, Science, and History in the Renaissance.* Edited by Charles S. Singleton. Baltimore: Johns Hopkins University Press, 275-303.

Clavelin, Maurice (1974). *The Natural Philosophy of Galileo: Essay on the Origins and Formation of Classical Mechanics.* Translated by A. J. Pomerans. Cambridge, Mass. : MIT Press.

Cohen, H. Floris (1994). *The Scientific Revolution: A Historiographical Inquiry.* Chicago: The University of Chicago Press.

Cohen, I. Bernard (1954). "Some Recent Books on the History of Science. " *Journal of the History of Ideas* **15** (1): 163-192.

—— (1979). *Studies in Medieval Physics and Mathematics.* London: Variorum.

Cohen, Morris R. and Drabkin, I. E. (1948) (ed.) *A Source Book in Greek Science.* Cambridge, Mass. : Harvard University Press.

Coopland, G. W. (1952) *Nicole Oresme and the Astrologers: A Study of His Livre de Divinacions.* Cambridge, Mass. : Harvard University Press.

Copleston, Frederick Charles (1946). *A History of Philosophy*, vol. 3. London: Burns, Oates & Washbourne.

Courtenay, William J. (2000). "The Early Career of Nicole Oresme. " *Isis* **91** (3): 542-548.

Craig, Edward (1998). *The Encyclopedia of Philosophy.* 10 vols. London:

New York Routledge.

Crombie, Alistair C. (1953a). "A Note on the Descriptive Conception of Motion in the Fourteenth Century." *The British Journal for the Philosophy of Science* **4** (13): George Berkeley Bicentenary, 46-51.

—— (1953b). *Robert Grosseteste and the Origins of Experimental Science. 1100-1700.* Oxford: Clarendon Press.

—— (1959). *Augustine to Galileo: The History of Science*, A. D. 400-1650. Cambridge, Mass. : Harvard University Press, 1953. Reissued as *Medieval and Early Modern Science*, 2 vols. Garden City, NewYork: Doubleday.

—— (1961). "Quantification in Medieval Physics." *Isis* **52** (2): 143-160.

—— (1963). (ed.) *Scientific Change: Historical Studies in the Intellectual, Social, and Technical Conditions for Scientific Discovery and Technical Invention, From Antiquity to the Present.* London: Heinemann.

Crosby, Alfred W. (1997). *The Measure of Reality: Quantification and Western Society, 1250-1600.* Cambridge: Cambridge University Press.

Crosby, H. Larmar (1955). (ed. and trans.)*Thomas of Bradwardine: His Tractatus de Proportionibus.* Madison: University of Wisconsin Press.

Curtze, M. (1870). *Die mathematischen Schriften des Nicole Oresme (circa 1320-1382).* Berlin.

Dales, Richard C. (1973). (ed.)*The Scientific Achievement of the Middle Ages.* Philadelphia: University of Pennsylvania Press.

Damerow, Peter et al. (2004). *Exploring the Limits of Preclassical Mechanics*, 2nd edition. Springer.

Des Chene, Dennis (1996). *Physiologia: Natural Philosophy in Late Aristotelian and Cartesian Thought.* Ithaca: Cornell University Press.

Dijksterhuis, Eduard J. (1961). *The Mechanization of the World Picture.* Translated from Dutch by C. Dikshoorn. Oxford: Clarendon Press.

Drabkin, I. E. and Drake, Stillman (1960). (eds.)*Galileo Galilei: On Motion and On Mechanics* Madison: University of Wisconsin Press.

Drake, Stillman (1973). "Medieval Ratio Theory vs Compound Medicines in the Origins of Bradwardine's Rule. "*Isis* **64** (1): 67-77.

—— (1999). *Essays on Galileo and the History and Philosophy of Science*, 3 vols. University of Toronto Press.

Duhem, Pierre. (1905-1906). *Les origins de la statique*, 2 vols. Paris: Hermann.

—— (1906—1913). *Études sur Léonard de Vinci*. 3 vols. Paris: Librairie Scientifique A. Hermann et fils. Reissued, Paris: Gordon and Breach Science Publishers S. A. , Editions des Archives Contemporaines, 1984.

—— (1913-1959). *Le Système du Monde*. 10 vols. Paris: Hermann et fils.

—— (1980). *The Evolution of Mechanics*. Translated by Michael Cole from *L'Evolution de la méchanique*, published in 1903. Sijthoff & Noordhoff.

—— (1985). *Medieval Cosmology: Theories of Infinity, Place, Time, Void, and the Plurality of Worlds*. Edited and translated by Roger Ariew. Chicago: University of Chicago Press.

Durand, Dana B. (1941). "Oresme and the Mediaeval Origins of Modern Science. "*Speculum* **16** (2): 167-185.

Eastwood, Bruce S. (1992). "On the Continuity of Western Science from the Middle Ages, A. C. Crombie's *Augustine to Galileo*. " *Isis* **83** (1): 84-99.

Flasted, Guttorm (1990). (ed.)*Contemporary Philosophy, A New Survey*, vol. 6: *Philosophy of Science in the Middle Ages*. Dodrect/Boston/London: Kluwer Academic Publishers.

Funkenstein, Amos (1986). *Theology and the Scientific Imagination from the Middle Ages to the Seventeenth Century*. Princeton: Princeton University Press.

Funkhouser, H. Gray (1937). "Historical Development of the Graphical Representation of Statistical Data. "*Osiris* **3**: 269-404.

Galilei, Galileo (1946). *Dialogues Concerning Two New Sciences*. Translated by Henry Crew and Alfonso de Salvio, Evanston and Chicago.

—— (1953). *Dialogue Concerning the Two Chief World Systems—Ptolemaic & Copernican*. Translated by Stillman Drake, Berkeley:

University of California Press.

——(1957). *Discoveries and Opinions of Galileo*. Translated and edited by Stillman Drake, New York: Doubleday.

——(1960). *On Motion and On Mechanics*. Edited by Stillman Drake and I. E. Drabkin, Madison: University of Wisconsin Press.

——(1974). *Two New Sciences*. Edited and Translated by Stillman Drake, Madison: University of Wisconsin Press.

Gillispie, Michael Allen (2008). *Theological Origins of Modernity*. Chicago: University Of Chicago Press.

Gillispie, Charles Coulston (1970—1980). (ed.) *Dictionary of Scientific Biography*, 16 vols. New York: Charles Scribner and Sons.

Gilson, Étienne Henry (1936). *The Spirit of Mediaeval Philosophy: Gifford Lectures 1931-1932*. New York: Charles Scribner and Sons.

——(1938). *Reason and Revelation in the Middle Ages*. New York: Charles Scribner and Sons.

——(1955). *History of Christian Philosophy in the Middle Ages*. New York: Random House.

Glick, Thomas F. et al. (2005). *Medieval Science, Technology, and Medicine: An Encyclopedia*. New York: Routledge.

Goddu, A. (1984). *The Physics of William of Ockham*, Leiden: E. J. Brill.

——(2001). "The Impact of Ockham's Reading of the 'Physics' on the Mertonians and Parisian Terminists. " *Early Science and Medicine* **6** (3): 204-237.

——(2004). "Nicole Oresme and Modernity. "*Early Science & Medicine* **9** (4): 348-359.

Gracia, Jorge J. E. and Noone, Timothy B. (2005). (eds.) *A Companion to Philosophy in the Middle Ages*. Blackwell Publishing Limited.

Grant, Edward (1960). "Nicole Oresme and His De Proportionibus Proportionum. " *Isis* **51** (3): 293-314.

——(1962). "Late Medieval Thought, Copernicus, and the Scientific Revolution. " *Journal of the History of Ideas* **23** (2): 197-220.

—— (1964). "Motion in the Void and the Principle of Inertia in the Middle Ages. "*Isis* **55** (3): 265-292.

—— (1965). "Part I of Nicole Oresme's Algorismus proportionum. "*Isis* **56** (3): 327-341.

—— (1966). *Nicole Oresme*: "*De proportionibus proportionum*" *and* "*Ad pauca respicientes*". Madison: University of Wisconsin Press.

—— (1971). *Nicole Oresme and the Kinematics of Circular Motion*: *Tractatus de commensurabilitate vel incommensurabilitate motuum celi*. Madison: University of Wisconsin Press.

—— (1974). *A Source Book in Medieval Science*. Cambridge, Mass. : Harvard University Press.

—— (1977). *Physical Science in the Middle Ages*. Cambridge: Cambridge University Press.

—— (1979). "The Condemnation of 1277, God's Absolute Power, and Physical Thought in the Late Middle Ages. " *Viator* **10**: 211-244.

—— (1981a). "The Medieval Doctrine of Space: Some Fundamental Problems and Solutions. " In Maierù and Bagliani (1981), 57-80.

—— (1981b). *Much Ado About Nothing*: *Theories of Space and Vacuum from the Middle Ages to the Scientific Revolution*. Cambridge: Cambridge University Press.

—— (1981c). *Studies in Medieval Science and Natural Philosophy*. London: Variorum.

—— (1982). "The Effect of the Condemnation of 1277. " In Kretzmann et al. (1982), 537-539.

—— and Murdoch, John E. (1987). (eds.) *Mathematics and Its Applications to Science and Natural Philosophy in the Middle Ages*: *Essays in Honor of Marshall Clagett*. Cambridge: Cambridge University Press.

—— (1989). "Medieval Departures from Aristotelian Natural Philosophy. " In Caroti (1989), 237-256.

—— and Murdoch, John E. (1990). "The Parisian School of Science in the Fourteenth Century. " In Flasted (1990),481-493.

—— (1994). *Planets, Stars and Orbs: The Medieval Cosmos 1200-1687*. Cambridge: Cambridge University Press.

—— (1996). *The Foundations of Modern Science in the Middle Ages, Their Religious, Institutional and Intellectual Contexts*. Cambridge: Cambridge University Press.

—— (2001). *God and Reason in the Middle Ages*. Cambridge: Cambridge University Press.

—— (2004). "Scientific Imagination in the Middle Ages." *Perspectives on Science* **12** (4): 394-423.

—— (2007). *A History of Natural Philosophy: From the Ancient World to the Nineteenth Century*. Cambridge: Cambridge University Press.

Grün, Klaus-Jürgen (1999). *Vom unbewegten Beweger zur bewegenden Kraft. Der Pantheistische Charakter der Impetustheorie im Mittelalter*. Paderborn: Mentis.

Gunter, R. T. (1923-45). *Early Science in Oxford*. 14 vols. London: Oxford University Press.

Harris, Karsten (2001). *Infinity and Perspective*. Cambridge, Mass. : MIT Press.

Heath, Thomas L. (1949). *Mathematics in Aristotle*. Oxford: Clarendon Press.

——(1981). *A History of Greek Mathematics*. 2 vols. New York: Dover Publications.

Haskins, Charles H. (1924). *Studies in the History of Mediaeval Science*. Cambridge, Mass. : Harvard University Press.

—— (1927). *The Renaissance of the Twelfth Century*. Cambridge, Mass. : Harvard University Press.

Heytesbury, William (1984). *On Maxima and Minima: Chapter 5 of Rules for Solving Sophismata, with an Anonymous Fourteenth-Century Discussion*. Kluwer Academic Publishers.

Hoskin, M. and Molland, A. G. (1966). "Swineshead on Falling Bodies: An Example of Fourteenth Century Physics." *British Journal for the History of Science* **3**: 150-182.

Kaye, Joel (1998). *Economy and Nature in the Fourteenth Century: Money, Market Exchange, and the Emergence of Scientific Thought.* (Cambridge Studies in Medieval Life and Thought, 4/35.) Cambridge: Cambridge University Press.

Kirschner, Stefan (2000). "Oresme on Intension and Remission of Qualities in His Commentary on Aristotle's Physics. "*Vivarium* **38** (2): 255-274.

King, Peter (1991). "Mediaeval Thought-Experiments: The Metamethodology of Mediaeval Science. " In *Thought Experiments in Science and Philosophy*, edited by T. Horowitz and G. J. Massey. Savage: Rowman & Littlefield.

Morris Klein (1972). *Mathematical Thought from Ancient to Modern Times.* Oxford: Oxford University Press.

Kneale, William and Kneale, Martha (1962). *The Development of Logic.* Oxford: Clarendon Press.

Koyré, Alexandre (1939). *Études Galiléennes.* 3 vols. Paris: Hermann. English Translation as *Galileo Studies* by John Mepham, New Jersey: Humanities Press.

—— (1968). *Metaphysics and Measurement.* London: Chapman and Hall.

Kretzmann, N. (1977). "Socrates is Whiter than Plato begins to be White. " *Noûs* **11** (1): 3-15.

—— et al. (1982). (eds.) *The Cambridge History of Later Medieval Philosophy.* Cambridge: Cambridge University Press.

Laird, Walter Roy. (1986). "The Scope of Renaissance Mechanics. " *Osiris*, 2nd Series **2**: 43-68.

—— and Roux, Sophie. (2008). (eds.) *Mechanics and Natural Philosophy before the Scientific Revolution.* (Boston Studies in the Philosophy of Science, vol. 254). Springer.

Lasswitz, Kurd (1926). *Geschichte der Atomistik: vom Mittelalter bis Newton.* 2 vols. Leipzig: Leopold Voss.

Lewis, Christopher (1976). "The Fortunes of Richard Swineshead in the Time of Galileo. "*Annals of Science* **33**: 561-584.

—— (1980). *The Merton Tradition and Kinematics in Late Sixteenth and Early Seventeenth Century Italy.* Padua: Editrice Antenore.

Lindberg, David C. (1978). (ed.) *Science in the Middle Ages*. Chicago: University of Chicago Press.

—— and Westman, Robert S. (1990). (eds.) *Reappraisals of the Scientific Revolution*. New York: Cambridge University Press.

—— (1982). "On the Applicability of Mathematics to Nature: Roger Bacon and His Predecessors."*British Journal for the History of Science* **15**: 3-25.

—— (1992). *The Beginnings of Western Science*. Chicago: University of Chicago Press (The second edition published in 2008).

—— (1995). "Medieval Science and Its Religious Context."*Osiris*, 2nd Series **10**: *Constructing Knowledge in the History of Science*, 60-79.

Livesey, Steven J. (1982). *Metabasis: The Interrelationship of the Sciences in Antiquity and the Middle Ages*. (Ph. D. Dissertation. University of California, Los Angeles.)

—— (1985). "William of Ockham, Subalternate Sciences and Aristotle's Theory of Metabasis."*British Journal for the History of Science* **18**: 127-145.

—— (1986). "The Oxford Calculatores, Quantification of Qualities, and Aristotle's Prohibition of Metabasis."*Vivarium* **24**: 50-69.

—— (1989). *Theology and Science in the Fourteenth Century: Three Questions on the Unity and Subalternation of the Sciences from John of Reading's Commentary on the Sentences, edition and critical commentary*. Leiden: E. J. Brill.

—— (1990). "Science and Theology in the Fourteenth Century: The Subalternate Sciences in Oxford Commentaries on the*Sentences.*" *Synthese* **83** (2): 273-292.

Machamer, Peter (1998). (ed.) *The Cambridge Companion to Galileo*. Cambridge University Press.

Maier, Anneliese (1949). *Die Vorläufer Galileis im 14. Jahrhundert* (Storia e Letteratura, 22) Rome: Edizioni di Storia e Letteratura.

—— (1952). *An der Grenze von Scholastik und Naturwissenschaft: die Struktur der materiellen Substanz, das Problem der Gravitation, die*

Mathematik der Formlatituden, 2d ed. (Storia e Letteratura, 41) Rome: Edizioni di Storia e Letteratura.

——— (1955). *Metaphysische Hintergründe der spätscholastischen Naturphilosophie* (Storia e Letteratura, 52) Rome: Edizioni di Storia e Letteratura.

——— (1958). *Zwischen Philosophie und Mechanik* (Storia e Letteratura, 69) Rome: Edizioni di Storia e Letteratura.

——— (1964). *Ausgehendes Mittelalter. Gesammelte Aufsätze zur Geistesgeschichte des 14. Jahrhunderts*, vol. 1. (Storia e Letteratura, 97) Rome: Edizioni di Storia e Letteratura.

——— (1967). *Ausgehendes Mittelalter. Gesammelte Aufsätze zur Geistesgeschichte des 14. Jahrhunderts*, vol. 2. (Storia e Letteratura, 105) Rome: Edizioni di Storia e Letteratura.

——— (1968a). *Zwei Grundprobleme der scholastischen Naturphilosophie: das Problem der intensiven Grösse, die Impetustheorie*, 3rd ed., rev. and exp. (Storia e Letteratura, 37) Rome: Edizioni di Storia e Letteratura.

——— (1968b). *Zwei Untersuchungen zur nachscholastischen Philosophie: Die Mechanisierung des Weltbildes im 17. Jahrhundert, Kants Qualitätskategorien* (Storia e Letteratura, 112) Rome: Edizioni di Storia e Letteratura.

——— (1977). *Ausgehendes Mittelalter. Gesammelte Aufsätze zur Geistesgeschichte des 14. Jahrhunderts*, vol. 3. (Storia e Letteratura, 138) Rome: Edizioni di Storia e Letteratura.

——— (1982). *On the Threshold of Exact Science: Selected Writings of Anneliese Maier on Late Medieval Natural Philosophy*. Edited and translated with an Introduction by Steven D. Sargent. Philadelphia: University of Pennsylvania Press.

Maierù, A. and Bagliani, A. Paravicini (1981). (eds.) *Studi sul XIV secolo in memoria di Anneliese Maier*. Storia e letteratura: Raccolta di studi e testi, no. 151. Rome: Edizioni Storia e Letteratura.

——— (1991). "Anneliese Maier e la Filosofia Della Natura Tardoscolastica."

In *Gli studi di filosofia medievale fra otto e novecento*. Edited by R. Imbach and A. Maierù. Rome: Edizioni Storia e Letteratura, 303-330.

Maurer, Armand A. (1999). *The Philosophy of William of Ockham: In the Light of Its Principles*. Toronto: Pontifical Institute of Mediaeval Studies.

Mcginnis, Jon (2006). "A Medieval Arabic Analysis of Motion at an Instant: the Avicennan Sources to the *forma fluens / fluxus formae* Debate." *The British Journal for the History of Science* **39**: 189-205.

McGrade, Arthur Stephen (2003). (ed.) *The Cambridge Companion to Medieval Philosophy*. Cambridge University Press,

McVaugh, Michael (1967). "Arnald of Villanova and Bradwardine's Law." *Isis* **58** (1): 56-64.

Menut, Albert D. and Denomy, Alexander J. (1968). (eds. and trans.) *Nicole Oresme: Le Livre du Ciel et du Monde*. Madison: University of Wisconsin Press.

Meyerson, Emile (1930). *Identity and Reality*. Translated by Kate Loewenberg. London: G. Allen & Unwin; New York: The Macmillan Company.

Mittelstrass, Jürgen (1970). *Neuzeit und Aufklärung. Studien zur Entstehung der neuzeitlichen Wissenschaft und Philosophie*. Walter de Gruyter.

Molland, A. G. (1968). "The Geometrical Background to the 'Merton School.'" *British Journal for the History of Science* **4**:108-125.

—— (1971). "Richard Swineshead and Continuously Varying Quantities." *XIIᵉ Congrès International d' Histoire des Sciences 4*, Paris: Albert Blanchard, 127-134.

—— (1974). "Nicole Oresme and Scientific Progress." *Miscellanea Mediaevalia* **9**: 206-220.

—— (1976). "Ancestors of Physics." *History of Science* **14**. Chalfont St Giles, Bucks: Science History Publications Ltd, 54-75.

——(1978a). "An Examination of Bradwardine's Geometry." *Archive for History of Exact Sciences* **19**: 113-175.

——(1978b). "Medieval Ideas of Scientific Progress." *Journal of the History of Ideas 39*, 561-577.

—— (1982). "The Atomisation of Motion; A Facet of the Scientific Revolution."*Studies in History and Philosophy of Science* **13**; 31-54.

—— (1983). "Continuity and Measure in Medieval Natural Philosophy." *Miscellanea Mediaevalia* **16/1**; 132-144.

—— (1987). "Colonizing the World for Mathematics; the Diversity of Medieval Strategies." In Grant and Murdoch (1987),45-68.

—— (1988). "The Oresmian Style; semi-mathematical, semi holistic." *Nicholas Oresme. Tradition et innovation chez un intellectual du XIVe siècle*. Edited by P. Souffrin and A. P. Segonds. Padua; Programma e 1 +1 Editori and Paris; Les Belles Lettres, 13-30.

—— (1989a). "Aristotelian Holism and Medieval Mathematical Physics." In Caroti (1989), 227-235.

—— (1989b). *Thomas Bradwardine, Geometria Speculativa*. Wiesbaden; Franz Steiner Verlag.

——(1995). *Mathematics and the Medieval Ancestry of Physics*. Aldershot and Brookfield, VT; Variorum.

Moody, Ernest A. (1951a). "Galileo and Avempace; The Dynamics of the Leaning Tower Experiment (I)." *Journal of the History of Ideas* **12** (2); 163-193.

—— (1951b). "Galileo and Avempace; The Dynamics of the Leaning Tower Experiment (II)."*Journal of the History of Ideas* **12** (3); 375-422.

—— (1951c). "Laws of Motion in Medieval Physics." *The Scientific Monthly* **72** (1); 18-23.

—— and Clagett, Marshall (1952). (eds. and trans.) *The Medieval Science of Weights*. Madison; University of Wisconsin Press.

—— (1958). "Empiricism and Metaphysics in Medieval Philosophy."*The Philosophical Review* **67** (2); 145-163.

—— (1966). "Galileo and His Precursors." *Galileo Reappraised*, C. L. Golino, ed. Berkeley; University of California Press, 23-43.

—— (1975). *Studies in Medieval Philosophy, Science, and Logic;*

Collected Papers, 1933-1969. Berkeley: University of California Press.

Murdoch, John E. (1963). "The Medieval Language of Proportions: Elements of the Interaction with Greek Foundations and the Development of New Mathematical Techniques. " In Crombie(1963), 237-271.

——(1969). *"Mathesis in Philosophiam Scholasticam Introducta*: The Rise and Development of the Application of Mathematics in Fourteenth-Century Philosophy and Theology. " In *Arts libéraux et philosophie au moyen âge, Actes du quatrième congrès international de philosophie médiévale*. Montréal et Paris. 215-254.

—— (1974). "Philosophy and the Enterprise of Science in the Later Middle Ages. "*The Interaction between Science and Philosophy*. Edited by Y. Elkana. Atlantic Highlands, 51-74.

—— (1975a). "A Central Method of Analysis in fourteenth-Century Science. " *Proceedings of XIVth International Congress of the History of Science* 2: 68-71.

—— and Sylla, Edith Dudley (1975b). (eds.) *The Cultural Context of Medieval Learning*: *Proceedings of the First International Colloquium on Philosophy, Science, and Theology in the Middle Ages-September 1973*. Dordrecht, Holland; Boston: D. Reidel Pub. Co.

—— (1975c). "From Social into Intellectual Factors: An Aspect of the Unitary Character of Medieval Learning. " In Murdoch and Sylla (1975b),271-339.

—— (1978). "The Development of a Critical Temper: New Approaches and Modes of Analysis in fourteenth-Century Philosophy, Science, and Theology. "*Medieval and Renaissance Studies* 7: 51-79.

—— and Sylla, Edith Dudley (1978). "The Science of Motion. " In Lindberg (1978),206-264.

—— (1979). "Propositional Analysis in Fourteenth-Century Natural Philosophy: A Case Study. "*Synthese* **40** (1): 117-146.

—— andSylla, Edith Dudley (1981a). "Anneliese Maier and the History of Medieval Science. " In Maierù and Bagliani (1981), 7-13.

—— (1981b). "Mathematics and Infinity in the Later Middle Ages. "

Proceedings of the American Catholic Philosophical Association **55**: 40-58.

—— (1982a). "The Analytic Character of Late Medieval Learning: Natural Philosophy without Nature." *Approaches to Nature in the Middle Ages*. Edited by Lawrence D. Roberts, Binghamton, NY: Center for Medieval & Early Renaissance Studies, 171-213.

—— (1982b). "Infinity and Continuity." In Kretzmann et al. (1982), 564-591.

—— (1982c). "Mathematics and Sophisms in Late Medieval Natural Philosophy." *Les genres littéraires dans les sources théologiques et philosophiques médiévales*, Actes du Colloque International de Louvain-la-Neuve, 25-27 Mai 1981. Louvain-la-Neuve: Institut d'Études Médiévales de l'Université Catholique de Louvain, 85-100.

—— (1984a). *Album of Science: Antiquity and the Middle Ages*. New York: Charles Scribner and Sons.

—— (1984b). "Atomism and Motion in the 14th century." In Everett Mendelsohn ed., *Transformation and Tradition in the Sciences: Essays in Honor of I. Bernard Cohen*. Cambridge: Cambridge University Press, 45-66.

—— (1987). "Thomas Bradwardine: Mathematics and Continuity in the Fourteenth Century." In Grant and Murdoch (1987), 103-137.

—— (1989). "The Involvement of Logic in Late Medieval Natural Philosophy." In Caroti (1989), 3-28.

—— (1991). "Pierre Duhem and the History of Late Medieval Science and Philosophy in the Latin West." *Gli studi di filosofia medievale fra otto e novecento*. Edited by R. Imbach and A. Maierù. Rome: Edizioni Storia e Letteratura, 253-302.

Ockham, William (1991a). *Philosophical Writings: a Selection*. Edited and Translated by Philotheus Boehner, Revised by Stephen F. Brown. Indianapolis: Hackett Publishing, 1990.

—— (1991b). *Quodlibetal Questions*. New Haven: Yale University Press.

—— (1998a). *Ockham's Theory of Terms: Part I of the Summa Logicae*.

Translated by Michael J. Loux. South Bend, Ind. ; St. Augustine's Press.

—— (1998b). *Ockham's Theory of Terms*: *Part II of the Summa Logicae*. Translated by A. J. Freddoso and H. Schuurman. South Bend, Ind. ; St. Augustine's Press.

Osler, Margaret J (1973). "Galileo, Motion, and Essences." *Isis* **64** (4): 504-509.

Pederson, Olaf (1953). "The Development of Natural Philosophy, 1250-1350. " *Classica et Medievalia* **14**: 86-155.

Quillet, J. (1990) (ed.)*Autour de Nicole Oresme*. Paris: Vrin.

Randall, John Herman, Jr. (1940). "The Development of Scientific Method in the School of Padua. " *Journal of the History of Ideas* **1**: 177-206.

—— (1961). *The School of Padua and the Emergence of Modern Science*. Padua: Editrice Antenore.

—— (1962). *The Career of Philosophy*: *From the Middle Ages to the Enlightenment*. New York: Columbia University Press.

Sarton, George (1927-1948). *Introduction to the History of Science*. 3 vols. in 5 parts. Baltimore: Williams and Wilkins.

Sambursky, Samuel (1956). *The Physical World of the Greeks*. Translated from the Hebrew by Merton Dagut. London: Routledge & Kegan Paul Ltd.

—— (1959). *Physics of the Stoics*. London: Routledge & Kegan Paul Ltd.

—— (1962). *The Physical World of Late Antiquity*, London: Routledge and Kegan Paul Ltd.

—— (1963). "Conceptual Developments and Modes of Explanation in Later Greek Scientific Thought. " In Crombie (1963), 61-78.

Shapiro, Herman (1956). "Motion, Time, and Place According to William Ockham. "*Franciscan Studies* **16**: 213-303, 319-372.

—— (1959). "Walter Burley and the Intension and Remission of Forms. " *Speculum* **34** (3): 413-427.

Schmitt, Charles B. (1988). (ed.)*The Cambridge History of Renaissance philosophy*. Cambridge: Cambridge University Press.

Shryock, Richard H. (1961). "The History of Quantification in Medical Science." *Isis* **52** (2): 215-237.

Small, Robin (1991). "Incommensurability and Recurrence: From Oresme to Simmel." *Journal of the History of Ideas* **52** (1): 121-137.

Smith, A. Mark (1976). "Galileo's Theory of Indivisibles: Revolution or Compromise?" *Journal of the History of Ideas* **37** (4): 571-588.

—— (1990). "Knowing Things Inside Out: The Scientific Revolution from a Medieval Perspective." *The American Historical Review* **95** (3): 726-744.

Sorabji, Richard (1988). *Matter, Space and Motion: Theories in Antiquity and Their Sequel*. London: Duckworth.

—— (1990). (ed.)*Aristotle Transformed: The Ancient Commentators and Their Influence*. Ithaca, New York: Cornell University Press.

—— (2004). (ed.) *The Philosophy of the Commentators, AD 200-600: A Sourcebook*, 3 vols. London: Duckworth.

Strayer, Joseph Reese (1982—2003). *Dictionary of the Middle Ages*. 13 vols. New York: Scribner.

Sylla, Edith Dudley (1971). "Medieval Quantifications of Qualities: The 'Merton School'." *Archive for the History of the Exact Sciences* **8**: 9-39.

—— (1973). "Medieval Concepts of the Latitude of Forms: The Oxford Calculators." *Archives d'histoire doctrinales et littéraire du moyen âge* **40**: 223-283.

—— (1981). "Godfrey of Fontaines on Motion with Respect to Quantity of the Eucharist." In Maierù and Bagliani (1981), 105-142.

—— (1982). "The Oxford Calculators." In Kretzmann et al. (1982), 540-563.

—— (1986a). "Galileo and the Oxford Calculatores: Analytical Languages and the Mean-Speed Theorem for Accelerated Motion." In Wallace (1986), 53-108.

—— (1986b). "The Fate of the Oxford Calculatory Tradition." In Christian Wenin ed. *L'homme et Son Univers au Moyen Âge*, vol. 2, 692-698.

—— (1987a). "The Oxford Calculators in Context." *Science in Context* **1**: Cambridge: Cambridge University Press, 257-279.

——(1987b). "Mathematical Physics and Imagination in the Work of the Oxford Calculators: Roger Swineshead's *On Natural Motion*." In Grant and Murdoch (1987), 69-102.

—— (1991a). "The Oxford Calculators and Mathematical Physics: John Dumbleton's *Summa Logicae et Philosophiae Naturalis*, Parts II and III." In Unguru(1991), 129-161.

—— (1991b). *The Oxford Calculators and the Mathematics of Motion, 1320—1350*. New York: Garland (Ph. D. dissertation, Harvard University, 1970).

—— and McVaugh, Michael (1997a). (eds.) *Texts and Contexts in Ancient and Medieval Science. Studies on the Occasion of John E. Murdoch's Seventieth Birthday*. Leiden: E. J. Brill.

—— (1997b). "Thomas Bradwardine's *De continuo* and the Structure of Fourteenth-Century Learning." In Sylla and McVaugh (1997a), 148-186.

—— (2001). "Walter Burley's 'Physics' Commentaries and the Mathematics of Alteration." *Early Science and Medicine* **6** (3): 149-184.

—— (2007). " The Origin and Fate of Thomas Bradwardine's *De Proportionibus Velocitatum in Motibus* in Relation to the History of Mathematics." In Laird and Roux (2008), 67-120.

Taschow, Ulrich (1999). "Die Bedeutung der Musik als Modell Für Nicole Oresmes." *Theorie Early Science and Medicine* **4** (1): 37-90.

—— (2003). *Nicole Oresme und der Frühling der Moderne: Die Ursprünge unserer modernen quantitativ-metrischen Weltaneignungsstrategien und neuzeitlichen Bewusstseins- und Wissenschaftskultur*. Halle: Avox Medien-Verlag.

Tasch, Paul(1948). "Quantitative Measurements and the Greek Atomists." *Isis* **38** (3/4): 185-189.

Thijssen, J. M. M. H. and Zupko, Jack (2000). "Late-Medieval Natural Philosophy: Some Recent Trends in Scholarship." *Recherches de*

Théologie et Philosophie Médiévales **67**: 169-201.

—— (2001). (eds.) *The Metaphysics and Natural Philosophy of John Buridan*. Leiden: E. J. Brill.

—— (2004). "The Buridan School Reassessed. John Buridan and Albert of Saxony."*Vivarium* **42**: 18-42.

Thorndike, Lynn (1923—1958). *History of Magic and Experimental Science*, 8 vols. New York: Columbia University Press.

—— (1932). "Calculator."*Speculum* **7** (2): 221-230. In Thorndike (1923—1958), vol. 3, 370-385.

Trifogli, Cecilia (2000). *Oxford Physics in the Thirteenth Century: Motion, Infinity, Place and Time*. Leiden: E. J. Brill.

Unguru, Sabetai (1991). (ed.) *Physics, Cosmology and Astronomy, 1300-1700. (Tension and Accommodation)*. Boston Studies in the Philosophy of Science, vol. 126.

Vauchez, Andre et al. (2000). *Encyclopedia of the Middle Ages*. 2 vols. Cambridge: James Clarke & Co.

Wallace, William A. (1971). "Mechanics from Bradwardine to Galileo."*Journal of the History of Ideas* **32** (1): 15-28.

—— (1972). *Causality and Scientific Explanation*. (vol. 1. *Medieval and Early Classical Science*.) Ann Arbor: The University of Michigan Press.

—— (1981). *Prelude to Galileo: Essays on Medieval and Sixteenth-Century Sources of Galileo's Thought*. Dordrecht: D. Reidel Publishing Company.

—— (1984). "Galileo and the Continuity Thesis."*Philosophy of Science* **51** (3): 504-510.

—— (1986). (ed.) *Reinterpreting Galileo*. Washington, DC: Catholic University of America Press.

—— (1990). "Duhem and Koyré on Domingo de Soto."*Synthese* **83**: 239-260.

—— (1997). "Domingo de Soto's 'Laws' of Motion: Text and Context." In Syllaand McVaugh (1997a), 271-304.

Weisheipl, James A. (1956). (ed.) *Early 14th-Century Physics and the Merton "School" with Special Reference to Dumbleton and Heytesbury* (Ph. D. Dissertation, Oxford University).

—— (1959a). *The Development of Physical Theory in the Middle Ages.* London and New York: Sheed and Ward.

—— (1959b). "The Place of John Dumbleton in the Merton School. "*Isis* **50** (4): 439-454.

—— (1965a). "Classification of the Sciences in Medieval Thought. " *Mediaeval Studies* **27**: 54-90.

—— (1965b). "The Principle *Omne quod movetur ab alio movetur* in Medieval Physics. " *Isis* **56** (1): 26-45.

—— (1968a). "The Enigma of Domingo de Soto: *Uniformiter difformis* and Falling Bodies in Late Medieval Physics. " *Isis* **59** (4): 384-401.

—— (1968b). "Ockham and Some Mertonians. "*Mediaeval Studies* **30**: 163-213.

—— (1969). "Repertorium Mertonense. "*Mediaeval Studies* **31**: 174-224.

—— (1981). "The Spector of *Motor Coniunctus* in Medieval Physics. " *Studi sul XIV secolo in memoria di Anneliese Maier.* In Maierù and Bagliani (1981), 81-104.

—— (1985). *Nature and Motion in the Middle Ages.* Edited by William E. Carroll. Washington: Catholic University of America Press.

Wieleitner, H. (1924). "Zur Geschichte der gebrochenen Exponenten. "*Isis* **6** (4): 509-520.

—— (1925). " Zur Frühgeschichte der Raume von mehr als drei Dimensionen. "*Isis* **7** (3): 486-489.

Wilson, Curtis (1953). "Pomponazzi's Criticism of Calculator. "*Isis* **44** (4): 355-362.

—— (1956). *William Heytesbury: Medieval Logic and the Rise of Mathematical Physics.* Madison: University of Wisconsin Press.

Wolff, M. (1978). *Geschichte der Impetustheorie. Untersuchungen zum Ursprung der klassischen Mechanik.* Frankfurt/M. : Suhrkamp.

Woolf, Harry (1961). (ed.) *Quantification: A History of the Meaning of*

Measurement in the Natural and Social Sciences. Indianapolis：Bobbs-Merrill.

Zupko, Jack (2003). *John Buridan：Portrait of a Fourteenth-century Arts Master*. Notre Dame，Indiana：University of Notre Dame Press.

2. 中文文献

爱德华(1987)：《微积分发展史》，北京出版社。

奥卡姆(2006)：《逻辑大全》，王路译，商务印书馆。

波耶(1977)：《微积分概念史》，上海人民出版社。

伯特(2012)：《近代物理科学的形而上学基础》，张卜天译，湖南科技出版社。

陈嘉映(2007)：《哲学 科学 常识》，华夏出版社。

伽利略(2004)：《关于两门新科学的谈话》，戈革译，载霍金编，《站在巨人的肩上》，辽宁教育出版社。

伽利略(2004)：《关于两门新科学的谈话》，武际可译，北京大学出版社。

格兰特(2010)：《近代科学在中世纪的基础》，张卜天译，湖南科技出版社。

哈斯金斯(2008)：《十二世纪文艺复兴》，张澜、刘疆译，上海三联书店。

卡茨(2004)：《数学史通论》，李文林等译，高等教育出版社。

柯瓦雷(2003)：《牛顿研究》，张卜天译，北京大学出版社。

克莱因(1979)：《古今数学思想》，张理京等译，上海科学技术出版社。

林德伯格(2013)：《西方科学的起源》(第二版)，张卜天译，湖南科技出版社。

威廉·涅尔，玛莎·涅尔(1985)：《逻辑学的发展》，商务印书馆。

萨金特(2007)："安·迈尔与中世纪晚期自然哲学研究"，张卜天译，《科学文化评论》，第 3 期。

亚里士多德(1982)：《物理学》，张竹明译，商务印书馆。

亚里士多德(1997)：《亚里士多德全集》，苗力田主编，中国人民大学出版社。

亚里士多德(2005)：《范畴篇 解释篇》，方书春译，商务印书馆。

赵敦华(1994)：《基督教哲学 1500 年》，人民出版社。

后　　记

　　本书根据我在北京大学哲学系的博士论文修改而成。说实话,其中不少内容还很不成熟,对材料的消化和掌握也还远远不够。但追求完美是无止境的,与其越来越不敢拿出手,不如索性出版,也算保持了自己当时水平的原貌,待日后再继续深入研究。希望本书能够起到抛砖引玉的作用,在一定程度上唤起读者对西方中世纪科学史和思想史的兴趣。

　　选择中世纪科学史作为自己的研究领域,既有偶然,又是必然。对于中世纪思想,我一直心向往之。时至今日,仍有许多经院哲学家湮没于历史中,几乎不为人所知,这本身对我就是一种吸引。他们的专注、刻苦、虔敬、供奉精神乃至单调枯燥的生活都强烈地感召着我。在他们看来,没有什么问题是小问题,没有什么问题可以随随便便地放过。我欣赏这种细致入微的理性思维方式。很难想象,这些几乎倾注了他们全部心血的工作怎么可能像通常所说的那样无甚价值。我深信,当他们与心目中的绝对真理接通的那些瞬间,由这种"烦琐"哲学一定会绽放出最为动人的思想之花。

　　多年以前,如何对科学进行反思就成了我脑海中挥之不去的问题。科学到底在什么意义上使我们获得了成功,又在什么意义上使我们付出了代价?生活真理与科学真理如何关联起来?科学所描述的那个抽象世界真的是我们这个鲜活的现实世界的基础吗?特别是,数学的本性是什么? 数学为何能够如此成功地运用于物理学或自然哲学? 这些都是我最关心的问题。很幸运,在北大能够有机会了解科学思想史大师柯瓦雷的著作,他在一定程度上回答了我的问题。柯瓦雷不仅使我领略到科学思想史的魅力和价值,也使我认识到数学在塑造西方文明的整个过程中扮演的核心角色。不过,他似乎仍然有某些地方没有说透,很大程度上是因为他没有揭示,为什么恰恰在近代早期,人类会如此肯定自己的理性,并且成功地将自然数学化,同时发展出与之密切相关的机械自然观。柯瓦雷深刻地描述了它的种种表现,但没有给出原因。当然,这个问题是太困难了,或许根本就是无解的问题,但它仍然值得深入思考,哪怕获得一些线索也好。研究西方近代科学的起源问题是我最关心的问题之一,深入中世纪科学史和思想史领域进行发掘便是这方面的一点努力。

本书曾于 2010 年在北京大学出版社出版,后久已不印。此次列入商务印书馆的"清华科史哲丛书"再版,我只修改了其中个别字句,基本保持了博士论文的原貌。这并非因为它写得有多完善,而是因为后来我的研究没有在这个领域继续跟进,无法把近年来国际上的最新研究成果吸收进去。期待后来者能把这个重要的研究主题继续引向深入。

最后,感谢恩师吴国盛教授多年以来对我的指导和帮助。本书的完成和出版与他的支持是分不开的。

张卜天

清华大学科学史系

2018 年 6 月 17 日